新觀念伽利略

手機如何影響腦的發展？

利用科學的力量提高腦部性能

手機腦與運動腦

人人出版

前言

　　智慧型手機是現代社會中不可或缺的用品，有著許多魅力十足的內容，除了排遣無聊之外，還可以當場搜尋想知道的事情，或是當作筆記使用。但是這種便利的功能也產生了「手機成癮」的現象，成為一大社會問題。另外還有記憶力降低等等，對腦部帶來負面影響的疑慮。

　　關於我們為什麼會沉迷於智慧型手機、甚至變成愛不釋手的原因，可以用腦科學來說明。重點不是要否定手機，而是了解手機與大腦的特性，以科學的角度來正確地使用。本書會解說智慧型手機如何對腦部造成影響等最新研究的報告，介紹正確使用智慧型手機的方法。

　　同時還著眼於腦部與運動間的關係，探索頂尖運動員動作熟練的祕密，觀察腦部控制運動的背後機制，以及探討運動能否活化腦部的可能性。

　　人類下決定和行動的背後祕密因為最新腦科學的研究而變得更為明朗，這邊也一併介紹從腦的機制所誕生的AI人工智慧的最新動向。

2 讓智慧型手機成為神隊友的方法

3 運動對腦部帶來的效果

6 支撐AI發展的腦科學

腦是演化歷史中孕育出的最高傑作！

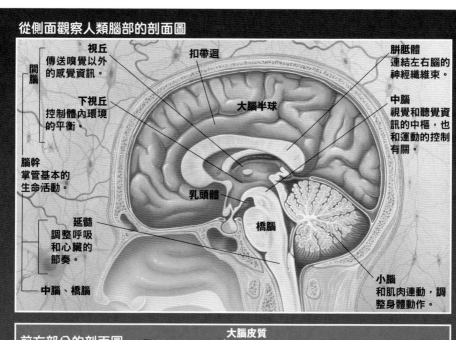

從側面觀察人類腦部的剖面圖

視丘
傳送嗅覺以外的感覺資訊。

間腦

下視丘
控制體內環境的平衡。

腦幹
掌管基本的生命活動。

延髓
調整呼吸和心臟的節奏。

中腦、橋腦

扣帶迴

大腦半球

乳頭體

橋腦

胼胝體
連結左右腦的神經纖維束。

中腦
視覺和聽覺資訊的中樞，也和運動的控制有關。

小腦
和肌肉連動，調整身體動作。

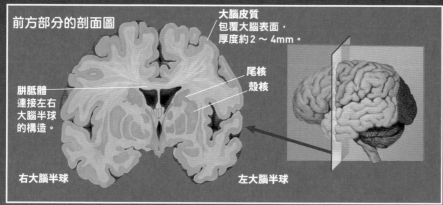

前方部分的剖面圖

大腦皮質
包覆大腦表面，厚度約2～4mm。

尾核
殼核

胼胝體
連接左右大腦半球的構造。

右大腦半球

左大腦半球

在脊椎動物的演化初期階段，腦不過只是由「神經元」（neuron，即神經細胞）聚集而成的一顆「瘤」而已，但是在演化成人類的過程中，這顆「瘤」逐漸演化成大腦、間腦、中腦、小腦、延髓、脊髓，誕生出複雜的構造。

包覆大腦表面的「大腦皮質」（cerebral cortex）大約是由200億個神經元和400億個支撐神經元運作的神經膠質細胞（neuroglia cell）※所構成。

大腦皮質中又有高等動物才會更加發達的新皮質（neocortex），是靈長類進行認知、思考和判斷等智能活動的場所。

大腦深處具有負責記憶、情緒、本能行動的「大腦邊緣系統」（limbic system），構成大腦邊緣系統最重要部位之一的「海馬迴」（hippocampus）掌管了記憶形成，「杏仁核」（amygdala）則對於控管情感有著極大的功用。

※：神經膠質細胞填充在神經元之間，為神經元的活動提供支持及保護。

腦的構造

人類的大腦下方連接著間腦、中腦、小腦、橋腦、延髓（左上的圖），大腦的表面有負責智力功能的「大腦皮質」包覆著（左下的圖）。另一方面，大腦的裡面有主司本能和感情等功能的「大腦邊緣系統」。

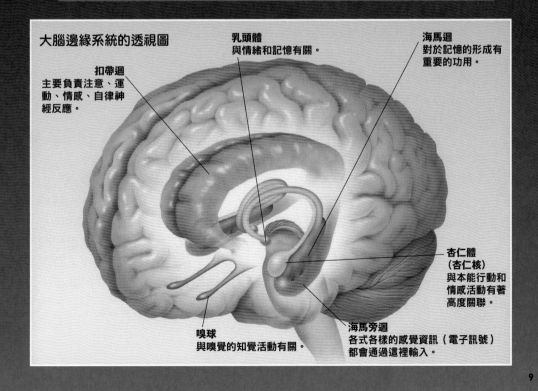

大腦邊緣系統的透視圖

乳頭體
與情緒和記憶有關。

海馬迴
對於記憶的形成有重要的功用。

扣帶迴
主要負責注意、運動、情感、自律神經反應。

杏仁體（杏仁核）
與本能行動和情感活動有著高度關聯。

嗅球
與嗅覺的知覺活動有關。

海馬旁迴
各式各樣的感覺資訊（電子訊號）都會通過這裡輸入。

腦科學闡明
智慧型手機與腦部的科學關係

智慧型手機在這10年間有著爆發性的普及率，讓我們的生活越來越便利。

但在手機帶來便利的另一面，也被批評帶來了負面的影響。舉例來說，沒有使用手機時會感到不安，連在吃飯和學習時也會對手機在意得不得了，引發的「手機成癮症」（第20頁）成為現今社會的一大問題。另外，過度使用手機也有導致記憶力降低的疑慮（第32頁）。

距今2000年前，古希臘哲學家蘇格拉底（西元前470～399年）對於人類學習文字並記錄在紙上的事情抱持著疑慮，認為可能會降低記憶力。所以不管在哪個時代，人們都一邊摸索著與文明的相處方式一邊進步。**智慧型手機成為不可或缺的生活用品的現代，重點不是要否定手機的存在，而是如何正確地使用。**

智慧型手機是敵人？還是朋友？

本書就以最新的研究報告為基礎，解說智慧型手機和腦在科學層面上的關係。

從最近的研究中顯示，人類的腦功能因為智慧型手機的關係不斷「擴張」（第46頁）。本書的前半段，就利用最新的知識來解說手機與腦部在科學層面的關係。

給人類帶來衝擊的「ChatGPT」

ChatGPT是人工智慧的一種，為OpenAI於2022年11月所推出的語言模型※。可以學習大量的文章資料，對自然語文進行理解、生成，以及對文章進行摘要、翻譯。因為ChatGPT可以像人類一樣產出用字遣詞自然的文章，所以廣泛活用在會話和寫作上。

上面的文章是現在蔚為話題的「ChatGPT」（Generative Pre-trained Transformer，生成型預訓練轉換器）所寫出的文章。我們給予了「ChatGPT是什麼？請不要使用專業用語，並且用120個字簡潔扼要地說明。不過請放入以下文字：2022年11月、OpenAI」的指示，結果就生成了這樣的文章。OpenAI是美國企業家阿特曼（Samuel Harris Altman）與馬斯克（Elon Reeve Musk）等人於2015年設立的AI（人工智慧）研究組織。光讀上面那篇文章，就能看出ChatGPT

所寫出來的文章極為自然。另外ChatGPT每次的回答都不盡相同，即便用同樣的問題，也不一定能生成一樣的文章。

所謂的ChatGPT是藉由讓AI回答人類的問題來解決各式各樣疑難雜症的一種「AI對話服務」，可以自動生成、自動問答，至今為止AI雖然已經有了飛躍性的進展，但是ChatGPT的出現依舊帶來極大的衝擊。

AI是活用「人類腦部的運作方式」發展而來的技術，而且不斷地在社會中擴張。這到底是個什麼樣的技術？將會在第六章進一步說明。

※：ChatGPT所使用的應為「大語言模型」（large language model），指的是將文章和語言中單字出現的機率模型化，參數數量在數十億以上的深度學習模型，運用自監督學習或半監督學習對大量未標記文本進行訓練。ChatGPT其實是一種「AI對話服務」，所以以上述ChatGPT所回答的文章也不能說完全正確，這也可以說是AI沒有正確理解「大語言模型」這個專業用語的最佳證據。

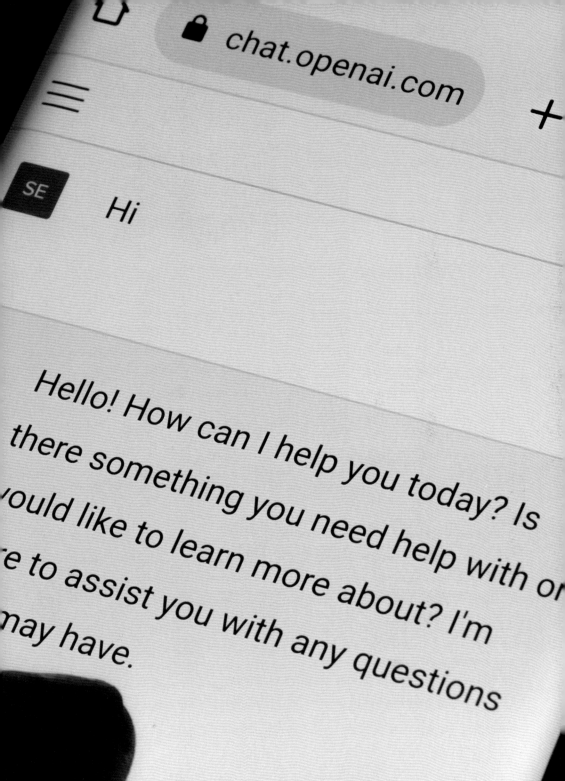

chat.openai.com

SE Hi

Hello! How can I help you today? Is there something you need help with or ould like to learn more about? I'm e to assist you with any questions nay have.

智慧型手機對腦部帶來的影響

智慧型手機滿載著方便又有趣的功能。但是我們對於手機愛不釋手的原因可不僅僅如此。第 1 章就來探討人們被手機吸引的科學根據。

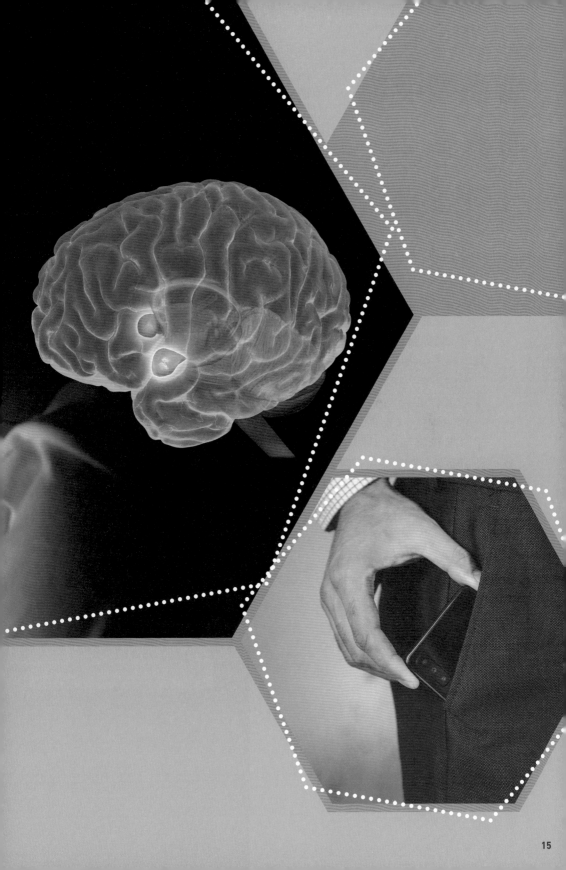

智慧型手機有許多讓人沉迷的設計

智慧型手機上的APP和軟體，大多設計成要讓我們沉迷於其中無法自拔。

舉例來說，在考慮該用哪一種版本的廣告和網站時，有一種稱為「A／B測試」（A/B Testing）的方法，準備好兩種不同設計的廣告（A類型、B類型）。在一定期間內，用戶登入網站時會隨機顯示其中一種，然後分析A和B各自的點擊率，最後採用點擊率較高的設計。像這樣子反覆進行A／B測試，手機的畫面也漸漸地朝著用戶的喜好進化。

另外，還會讓AI學習根據用戶們龐大的行動資訊，配合各個用戶的喜好投放廣告、新聞、SNS※貼文的「推薦」（recommendation）功能」。 藉由這些技術，讓我們變得更加黏著在手機的畫面上。

※：SNS是社群網路服務（Social Networking Service）的簡稱，指的是讓登錄過的會員彼此間進行交流的會員制服務網站。

讓智慧型手機變得更具魅力所下的功夫

我們之所以會一直想要玩手機的原因，在於手機中設有「SNS」和「AI的推薦功能」。2008年美國總統選舉時，歐巴馬也活用了「A／B測試」，據說有助於增加志工的人數和募款金額。

撩動被認同感的 SNS

大多數的SNS都有對其他人的貼文按「讚」的機制,這種
SNS的特徵會撩動起我們的被認同感,以及想跟社會連結在
一起的欲望(下一單元會解說)。

分析龐大的行為資訊、投放推薦的內容

推薦功能是使用AI等程式分析用戶的行為資訊,投放符合用
戶喜好的商品、廣告、新聞以及社群網站貼文等等的功能。

SNS會刺激腦部的
「酬賞系統」

人們沉迷於智慧型手機的原因之一就是SNS。在SNS裡面，發現其他人的貼文不錯時，可以按「讚」。如果自己的貼文被按「讚」的話就會感到高興，為了追求「按讚數」反覆貼文，最後變得過度在意自己的貼文有沒有被按「讚」而不斷地確認手機。

追求「按讚數」的欲望和腦部裡面的「酬賞系統」息息相關。酬賞系統是給人類帶來快樂（喜悅）的中腦邊緣神經迴路。舉例來說，認真用功讀書後考到不錯的分數，或是被稱讚時便感到喜悅。這時腦內的酬賞系統的神經元就會開始與被稱作「多巴胺」（dopamine）的神經傳導物質（neurotransmitter）產生互動（見右圖）。人類就會因此感到快樂，並且將這份喜悅與「考試獲得高分」的記憶做連結。結果人類會為了「想要更多」這種快樂，再度努力用功讀書。

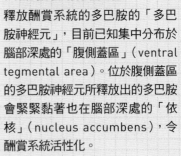

**多巴胺被釋放後
人類就會獲得快感**

釋放酬賞系統的多巴胺的「多巴胺神經元」，目前已知集中分布於腦部深處的「腹側蓋區」（ventral tegmental area）。位於腹側蓋區的多巴胺神經元所釋放出的多巴胺會緊緊黏著也在腦部深處的「依核」（nucleus accumbens），令酬賞系統活性化。

在SNS上被按「讚」時，就可以視作酬賞系統受到刺激。另外，**酬賞系統獲得新資訊時也會活化，光是滑動手機就能不斷獲得新的資訊，這時就會釋放多巴胺**，因為這樣我們才會越來越離不開手機。

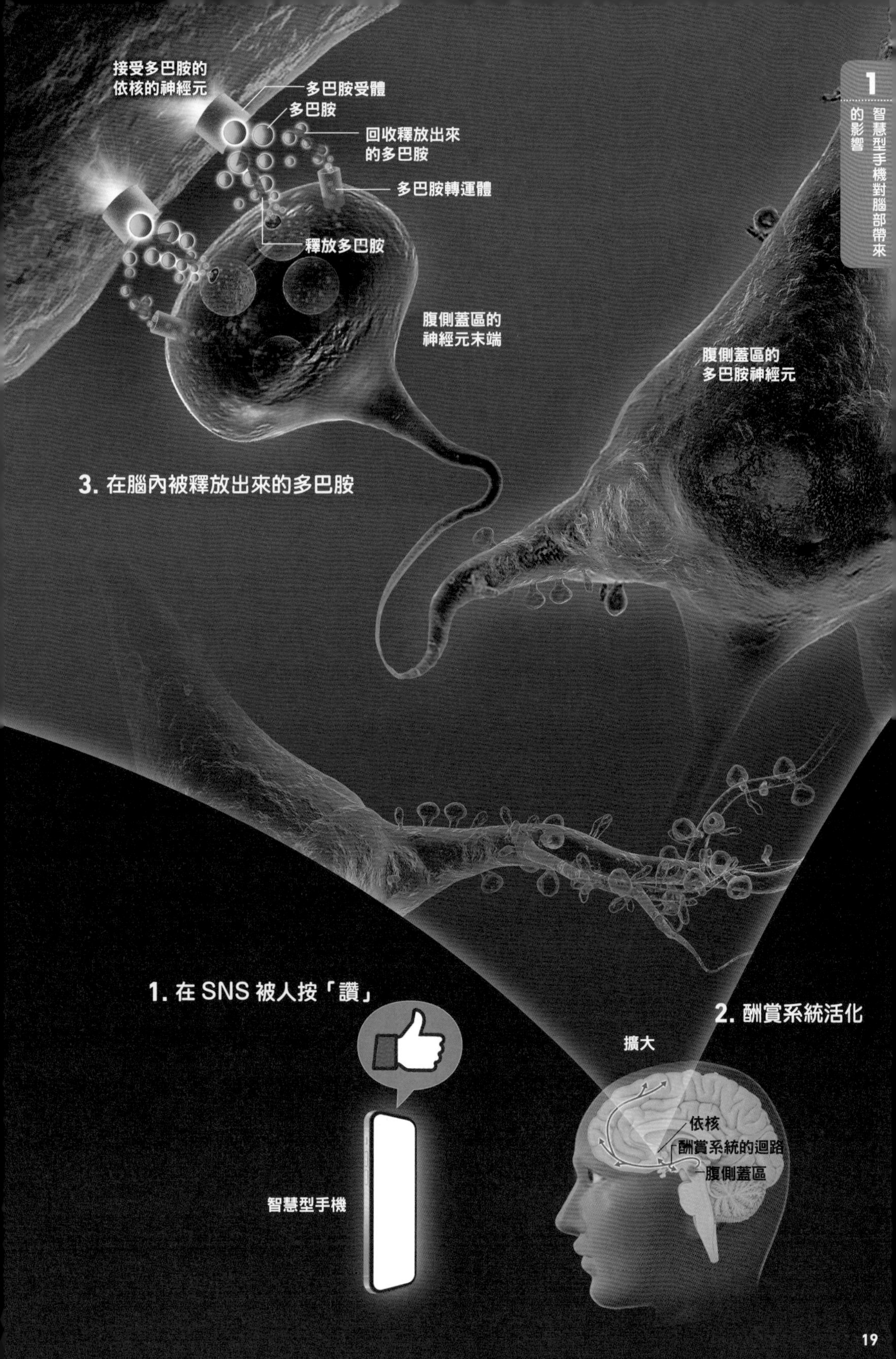

接受多巴胺的
依核的神經元

多巴胺受體

多巴胺

回收釋放出來
的多巴胺

多巴胺轉運體

釋放多巴胺

腹側蓋區的
神經元末端

腹側蓋區的
多巴胺神經元

3. 在腦內被釋放出來的多巴胺

1. 在 SNS 被人按「讚」

2. 酬賞系統活化

擴大

依核

酬賞系統的迴路

腹側蓋區

智慧型手機

開始進行研究的
「手機成癮症」

「手機成癮症」並不是一個正式的病名，只是讓人可以簡單理解「極端依賴手機」的一般名稱。成癮症指的是無法控制自己一定要固定攝取某種物質或是進行某種行為的病症。

成癮症和腦部的酬賞系統（前一單元）有關。舉例來說，違法藥品可以加強多巴胺的作用，光是攝取就能簡單地獲得快樂。像這樣子不斷服用同種藥物之後，同樣劑量能獲得的快感就會減少，為了獲得快感只好增加劑量。

最近使用腦部影像進行的研究中顯示，手機成癮患者的腦部和賭博成癮者一樣，兩者的前額葉（prefrontal lobe）的功能都有衰退的跡象。前額葉擔任的是大腦的煞車系統，因此就算是成癮患者想要「戒除成癮問題」，也沒辦法靠自己的意志停止成癮行為。

刺激腦部酬賞系統的手機

刺激腦部酬賞系統的手機和藥物一樣有引起「戒斷症狀」（withdrawal symptom）的可能性。手機不在手邊，或是無法使用的話，會感到焦慮或是不安。出現「想要戒也戒不掉」的狀態。

調查自己的
「手機成癮程度」吧

判斷是否對手機成癮的重點之一，就是看看手機是否對日常生活帶來負面影響。

舉例來說，晚上因為使用手機的關係導致睡眠時間減少，沒有用手機的話就會感到不安，而無法集中精神在工作或是學習上。

其他還有明明使用手機已經妨礙了本來應該要做的事情，但依舊無法停止使用手機的人，可能成癮的傾向就比較高。

另外，無法停止使用SNS的原因之一，被認為是「錯失恐懼症」（Fear of missing out簡寫為FOMO）。所謂的錯失恐懼症指的是「害怕錯過」有趣和重大的事情。這個恐懼被認為是因為想要跟生活圈的同伴產生連結這種人類原始欲望而產生。因此錯失恐懼症也被解釋為「害怕被同伴拋下的恐懼」。

SNS就像是用網路連結起來的共同體。**因此如果沒去確認SNS的話，就會產生錯失恐懼症，變得因為害怕「有沒有錯過什麼」而不斷地去確認手機。**

調查智慧型手機成癮傾向的測試

右邊的問題是由美國心理學家金伯利・楊（Kimberly Young）博士所開發的「網路成癮程度測試」（Internet Addiction Test簡寫為 IAT），與東京大學大學院情報學環橋元研究室和日本總務省情報通信政策研究所一同進行關於手機成癮症的研究，做為用來定義手機成癮程度的問卷。每一個問題用五段式（1～5）來回答，合計20～39分的人為一般的手機用戶，沒有太大的問題，40～69分的人可能有手機成癮的傾向，70～100分的人則有高度的手機成癮傾向。

調查網路成癮程度問卷

對下列各問題用5段式回答：**1**（完全不會）、**2**（很少會）、**3**（偶爾會）、
4（常常會）、**5**（總是會）。

 1. 回過神來，比自己想像中用了更長時間的網路　　　　　　**1 2 3 4 5**

 2. 因為長時間使用網路的關係，而疏於做家事　　　　　　　**1 2 3 4 5**

　　（煮飯、打掃、洗衣服等等）

 3. 比起和家族與朋友相聚，更喜歡用網路　　　　　　　　　**1 2 3 4 5**

 4. 會在網路上認識新朋友　　　　　　　　　　　　　　　　**1 2 3 4 5**

 5. 曾因使用網路的時間和次數被周圍的人抱怨過　　　　　　**1 2 3 4 5**

 6. 使用網路的時間太長，導致學校的成績下滑　　　　　　　**1 2 3 4 5**

 7. 因為網路而對學習效率產生負面影響　　　　　　　　　　**1 2 3 4 5**

 8. 即便有其他應該先做的事情，但還是先去確認社群媒體

　　（LINE、FACEBOOK等）或信箱　　　　　　　　　　　**1 2 3 4 5**

 9. 被人問在網路上做了哪些事時，會做解釋或是隱瞞　　　　**1 2 3 4 5**

10. 會在網路上花時間來逃離日常生活遇到的問題　　　　　　**1 2 3 4 5**

11. 不知不覺中發現自己又開始期待下次使用網路的時間　　　**1 2 3 4 5**

12. 對於沒有網路的生活會覺得無聊、寂寞、空虛而感到不安　**1 2 3 4 5**

13. 使用網路時被人打擾會感到焦慮、生氣、甚至回嘴　　　　**1 2 3 4 5**

14. 因為用網路用得太晚，導致睡眠不足　　　　　　　　　　**1 2 3 4 5**

15. 沒有使用網路時也會想用網路而發呆，或是幻想自己在用網路　**1 2 3 4 5**

16. 使用網路時會對自己找藉口說「再玩幾分鐘就好」　　　　**1 2 3 4 5**

17. 就算想要減少使用網路的時間和頻率也做不到　　　　　　**1 2 3 4 5**

18. 會向別人隱瞞使用網路的時間和次數　　　　　　　　　　**1 2 3 4 5**

19. 比起和某人出門，會選擇用網路　　　　　　　　　　　　**1 2 3 4 5**

20. 用網路時沒事，但不用網路時就會開始焦慮或是感到憂鬱　**1 2 3 4 5**

用手機讀書
會降低解讀能力？

「用」手機閱讀電子書的解讀能力比閱讀紙本書還要低」的研究成果於2022年被發表出來[1]。日本的某個研究團隊以34個健康的大學生為對象，請他們用手機或用紙本閱讀小說，讀完後調查解讀能力的差異，最後出現了這樣的結果。

研究團隊還用可偵測腦部血液流動的「光學造影」（optical tomography）裝置來測量讀書的腦部活動。**結果發現用手機讀電子書比用紙本書閱讀時，大腦前額葉有「過度活化」（over-active）的跡象。**大腦前額葉的功能為調節記憶和學習等高度認知能力。過去的研究[2]顯示，腦部進入過度活化的狀態時，容易降低解讀能力。

那麼為什麼用手機讀電子書時大腦前額葉會過度活化呢？研究團隊認為和「呼吸的狀態有關」。目前已知「深呼吸（嘆氣）」可以提高專注力，對腦的認知功能帶來正面的效果，調查受試者的呼吸狀態，發現閱讀紙本書平均會嘆氣3.3次，而用手機讀電子書時平均只嘆氣1.8次，也就是說用手機讀電子書會抑制深呼吸。

研究團隊從上述結果中設定了一個假說：用手機讀電子書時，螢幕發出來的「藍光」等影響會強制提升閱讀者的專注力，減少深呼吸的次數，這樣一來使得大腦前額葉過度活化，結果降低了解讀能力。

比起閱讀紙本書，用手機讀電子書時解讀能力會下降

右邊的圖表是用手機或用紙本閱讀兩種文章（大約3000字左右）之後，回答關於內容理解程度問題的正確解答率，不管哪一種文章，用手機閱讀都比用紙本閱讀的分數還要低。

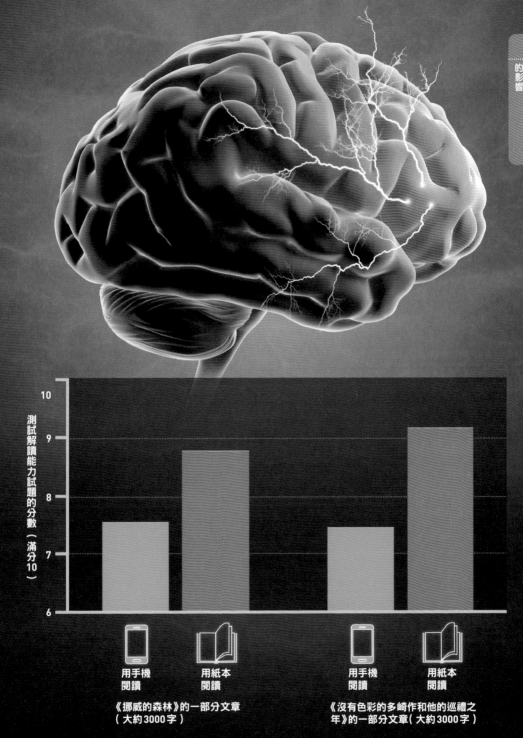

測試解讀能力試題的分數（滿分10）

10

9

8

7

6

用手機閱讀　用紙本閱讀
《挪威的森林》的一部分文章
（大約3000字）

用手機閱讀　用紙本閱讀
《沒有色彩的多崎作和他的巡禮之年》的一部分文章（大約3000字）

※1：Honma M, et al. Reading on a smartphone affects sigh generation, brain activity, and comprehension. *Sci Rep.* 2022; 12: 1589.

※2：Honma M, et al. Impairment of cross-modality of vision and olfaction in Parkinson disease. *Neurology.* 2018; 90: e977-e984.

光是把手機放在口袋裡就會使專注力降低？

美國德州大學曾對500名以上的大學生進行過實驗[1]。這個實驗是把受試者分成三組：把手機放在桌上（①）、放在自己口袋或包包裡（②）、以及把手機放在別的房間（③），然後進行記憶力和專注力的測驗。手機則設定成不會發出聲音和震動的模式。

實驗的結果發現將手機放在桌上視野可及的受試者成績最低，放在別的房間的受試者成績最高。**而就算將手機放在自己口袋或包包等視野看不到的地方，成績還是比將手機放在其他房間的人低。**

實驗後對受試者進行問卷調查「在回答問題時有想到手機的事情嗎？」，全部人都回答「沒有」。從這個實驗可以發現，手機離自己越近時，專注力就會下意識地被吸引，可能會阻礙對於事物的認知功能。

日本的北海道大學也進行過同樣的實驗，視野可及範圍內放有手機的小組的成績果然比較差一點，但是關於「手機妨礙專注力的效果」的研究分成「平常就常用手機的人」和「不太用手機的人」，結果是對於重度使用者的妨害效果要小一點點。[2]

這被認為是因為重度使用者比較可以無視或是克制自己留意手機的存在，而平常較少用手機的人就不擅長這樣做，所以妨害效果更強。

手機不在視野內也會妨礙專注力

下方的圖表是美國德州大學進行的實驗結果，將手機①放在桌上、②放在自己包包或口袋、③放在別的房間，於上述條件進行記憶力測試，結果成績以①～③的順序提升。

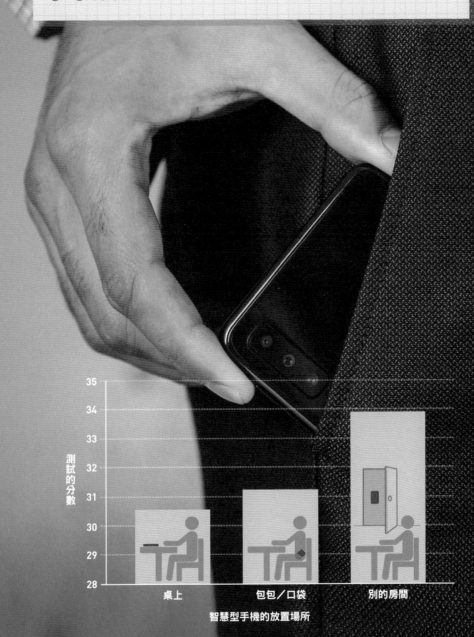

智慧型手機的放置場所

※1：Ward AF, et al. Brain drain: The mere presence of one's own smartphone reduces available cognitive capacity. *J Consum Res.* 2017；2：140-154.

※2：Ito M and Kawahara J. Effect of the presence of a mobile phone during a spatial visual search. *Jpn Psychol Res.* 2017；59：188-198.

網路使用頻率太高的話會延緩腦部發展？

近年來在孩子之間，「手機一整天不離手，長時間沉迷於玩遊戲或是看卡通」的例子增加了不少。

日本長崎大學醫院的研究團隊在2020年因新冠肺炎全國停課後，以長崎縣的小學、國中、高中生為對象，進行遊戲成癮症的實地調查。發現調查對象中的7%有遊戲成癮的可能，也發現有遊戲成癮的小孩可能同時會有不願上學、情緒和行為問題，以及過度依賴網路的問題。[※1]。

近年來，長時間使用網路會對腦部發展本身帶來負面影響等衝擊性的研究成果也出來了。日本東北大學的研究團隊花了三年的時間對健康的兒童（約300人）進行腦部調查，徹底比較頻繁使用網路的小孩和沒有這樣做的小孩，發現前者的腦部中許多區域的灰質和白質[※2]的體積都比較小[※3]。

體積變小的區域中含有與專注和下決策有關的「前額葉皮質」（prefrontal cortex）和「前扣帶迴皮質」（anterior cingulate cortex）、與情緒處理有關的「腦島皮質」（insula cortex）、與語言處理有關的「顳葉皮質」（temporal cortex）、與酬賞系統有關的「眼窩額葉皮質」（orbitofrontal cortex）、與社會認知功能有關的「後扣帶迴皮質」（posterior cingulate cortex）等等。兒童時期的網路使用習慣伴隨著言語智能的發達，同時還有廣範圍地妨礙腦部體積增加的可能性。

話雖如此，在授課或家庭學習中採用平板電腦的學校也不少，包含遊戲、看卡通，想將孩子隔絕在數位世界外已經是不太可能的事情了。**因此大多數的專家並不主張「完全不讓孩子使用」，當務之急是在考量對孩子的發展和健康的影響下，設定該如何使用網路的準則**[※4]。

※1：Yamamoto N, et al. Game-related behaviors among children and adolescents after school closure during the COVID-19 pandemic: A cross-sectional study. *Psychiatry Clin Neurosci Rep*. 2022; 1: e37.

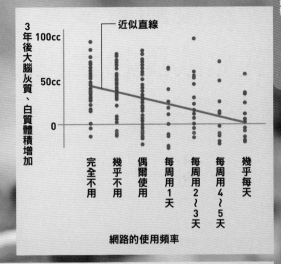

近似直線

3年後大腦灰質、白質體積增加

100cc

50cc

0

完全不用
幾乎不用
偶爾使用
每周用1天
每周用2～3天
每周用4～5天
幾乎每天

網路的使用頻率

灰質與白質體積增加被抑制的區域（紅色）

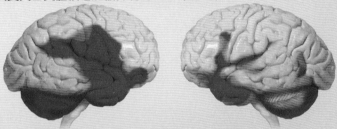

繪圖參考自 *Human Brain Mapping* 2018 DOI: 10.1002/hbm.24286。

網路使用頻率較高的孩子，被發現腦部發展較為遲緩

上面的圖表是網路的使用頻率與三年後大腦灰質與白質體積增加的關係。完全不讓小孩使用網路者，三年間約增加了50cc，幾乎每天使用網路者，灰質與白質體積增加則被抑制了，圖表下方的圖片則是用紅色區域顯示了因為使用網路，右腦（左圖）、左腦（右圖）灰質與白質體積增加被抑制的區域。

※2：灰質是神經元密集的白灰色場所，白質則是從神經元延伸出來的神經纖維束。

※3：Takeuchi H, et al. Impact of frequency of internet use on development of brain structures and verbal intelligence: Longitudinal analyses. *Hum Brain Mapp.* 2018; 39: 4471-4479.

※4：Straker L, et al. Conflicting Guidelines on Young Children's Screen Time and Use of Digital Technology Create Policy and Practice Dilemmas. *J Pediatr.* 2018; 202: 300-303.

十幾歲的青少年中
有七成因為手機而
睡眠不足

手機的問題不止藍光而已

在睡覺前透過手機接收到不好的資訊，感受到壓力時體內會分泌一種稱為「皮質醇」（cortisol）的激素。皮質醇會讓交感神經活化，妨礙入眠。這不單僅限於手機而已，只是因為手機可以簡單地進行操作獲取訊息，所以更需要注意。

日本曾以15～79歲的男女約6200人為對象進行調查，結果使用手機的人有43％回答「曾經因為手機而減少睡眠時間」，這個傾向又以十幾歲的人最多。

睡眠障礙的問題會引起「抑鬱」（depression）[※]**、不安、孤獨感等等**。睡眠不足的腦，主司感情的「杏仁核」的抑制功能會減弱，容易因為小事而感到不安。

手機螢幕發出的藍光被認為是妨礙睡眠的主因之一。藍光進入眼睛後，會抑制被稱作「褪黑激素」（melatonin）的分泌。通常褪黑激素會被控制在夜晚比較多，白天比較少，這個分泌節奏讓人類打造出「日出而作、日落而息」的生活型態。

但是夜間使用手機的話，本來應該增加的褪黑激素沒有增加，變得不想睡覺。

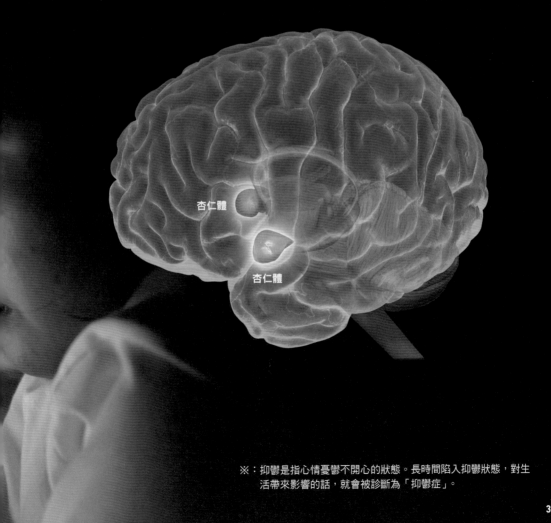

杏仁體

杏仁體

※：抑鬱是指心情憂鬱不開心的狀態。長時間陷入抑鬱狀態，對生活帶來影響的話，就會被診斷為「抑鬱症」。

現代人最容易陷入的「數位失憶症」是什麼？

記住「初次見面者的名字」等等，在短時間內記住必要事項的記憶被稱為「短期記憶」。事後反覆回顧短期記憶會讓資訊在腦裡面安定（固定）下來，轉換成不容易遺忘的「長期記憶」。

但是當可以使用手機這類外部裝置將「需要記下來的資訊拍成照片保存」時，就變得比較用不到腦部的記憶迴路，會不會因此馬上忘記剛獲得的資訊呢？研究上開始出現這類的疑慮。

因為過度使用數位裝置而出現類似失智的症狀也被稱作「數位失憶症」（digital amnesia）或者是「手機失智症」（digital dementia），不管哪一種都不是醫學上的正式名詞，乃是一種讓過度使用手機而出現的症狀更好理解的稱呼。

加拿大的研究報告指出，數位成癮會導致腦部的白質和灰質體積發生異常，可能會出現常常記不起最近發生的事情（順向失憶症anterograde amnesia）、或是想不起以前的事情（逆向失憶症retrograde amnesia），還有包含專注力障礙等輕微失智的狀態。另外，同樣的研究團隊還發表了「如果按照現在的手機使用狀況持續下去的話，2060年以後與阿茲海默症（Alzheimer's disease）有關的失智症會增加到4～6倍」的驚人預測。[1]。

另一方面，也有研究人員對數位失憶症抱持懷疑的態度，因為目前為止沒有直接證據顯示過度使用手機與記憶力衰退有關，而且也有實驗報告指出「因為可以將重要資訊記錄在手機內的關係，反而記住了其他更多的資訊」。[2]

無論如何，手機對我們的認知功能帶來的長期影響還是未知數，除了關注今後的研究之外，好像也沒其他辦法了。

現在這個時代有大量不能不記住的資訊，無法全部記下來　**82.9%**

想不起來國字和語文的意思，曾經在網路上搜尋過　**78.7%**

因為依賴電腦和手機等數位裝置的關係，記憶力沒有以前好了　**73.1%**

因為想早點知道問題的答案，沒有時間去圖書館查閱書籍　**62.7%**

絕對不能忘記的事情幾乎都保存在手機和電腦裡

全體	31.9%
18 ～ 29 歲的男性	40.4%
18 ～ 29 歲的女性	42.3%

覺得網路就是自己大腦的延伸

全體	39.0%
18 ～ 29 歲的男性	48.1%
18 ～ 29 歲的女性	40.4%

18 ～ 29 歲的男性中大約半數都覺得「網路就像是大腦的延伸」

上面的圖表是數位失憶症一詞的命名者 —— 俄羅斯的卡巴斯基實驗室（Kaspersky Lab）對日本使用網路的18～69歲的623人進行問卷調查的結果。

※1：Manwell LA, et al. Digital dementia in the internet generation: excessive screen time during brain development will increase the risk of Alzheimer's disease and related dementias in adulthood. *J Integr Neurosci.* 2022; 21: 28.

※2：Dupont D, et al. Value-based routing of delayed intentions into brain-based versus external memory stores. *J Exp Psychol Gen.* 2023; 152: 175-187.

家長使用手機的**負面影響**也會波及孩子

因為家長使用手機而阻礙了親子之間的交流，甚至產生負面影響，就被稱作「科技干擾」（technoference）。

美國的伊利諾伊州立大學以183組的親子（家長18歲以上，小孩5歲以下）為對象進行調查，結果有「48%的家長回答一天會發生三次以上的科技干擾」[1]。**再加上以0～5歲的孩子和家長為對象觀察後指出「科技干擾和小孩的不滿、過動、易怒有關」**[2]。

小孩在1歲前後會開始發展語言能力，6歲左右會開始和人分享自己體驗過的事情，因此這個時期的科技干擾被認為可能對獲得詞彙及語言發達帶來負面影響。

家長的手機成癮症所帶來的負面影響不僅僅限於科技干擾而已，**舉例來說，有報告指出「家長有手機成癮的問題時，也會導致小孩在青少年時更容易沉迷於手機」**[3]。有手機成癮症的家長容易採用讓小孩用手機或平板等裝置看卡通的「3C育兒」方式，這樣長大的小孩會有「隨時都想看手機和平板，想要忍也忍不住」的傾向[4]。

※1：McDaniel BT and Radesky JS. Technoference: Parent Distraction With Technology and Associations With Child Behavior Problems. *Child Dev.* 2018; 89: 100-109.

※2：McDaniel BT and Radesky JS. Technoference: longitudinal associations between parent technology use, parenting stress, and child behavior problems. *Pediatr Res.* 2018; 84: 210-218.

※3：Gong J, et al. How parental smartphone addiction affects adolescent smartphone addiction: The effect of the parent-child relationship and parental bonding. *J Affect Disord.* 2022; 307: 271-277.

※4：日本公益財團法人電子通信普及財團研究調查報告書，第35號 2020年度。

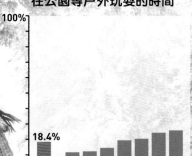

在公園等戶外玩耍的時間

100%

18.4%

0%
全體　0歲　　　　　6歲

家長容易
使用手機的場合

資料來源為《育兒和ICT —— 嬰幼兒的手機成癮，育兒中的3C裝置運用，育兒壓力》中的部分內容（東京大學大學部情報學環情報學研究調查研究篇）。

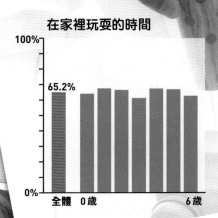

在家裡玩耍的時間

100%

65.2%

0%
全體　0歲　　　　　6歲

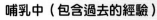

哺乳中（包含過去的經驗）

100%

54.3%

0%
全體　0歲　　　　　6歲

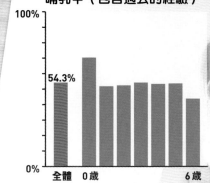

Coffee Break
Column
COFFEE BREAK

連接腦部與身體各部位神經的脊髓

脊髓和運動神經、感覺神經

左頁是脊髓的構造和延伸出來的脊髓神經的位置關係示意圖。右頁則是傳達運動指令的路線示意圖。

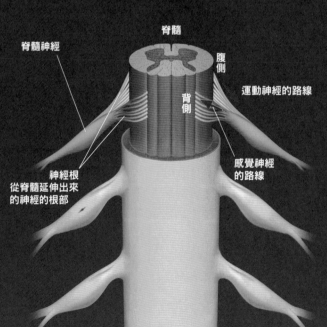

脊髓

脊髓神經

腹側

背側

運動神經的路線

神經根
從脊髓延伸出來的神經的根部

感覺神經的路線

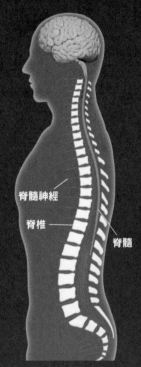

脊髓神經

脊椎

脊髓

脊髓被3層的脊髓膜所包覆，外面又被脊椎包圍，有著多重的防護。

通過脊椎中的脊髓是連接腦部和身體的神經纖維束。

脊髓的主要任務雖然是將腦部的指令傳達到身體各部位，但有時也需要代替腦部來控制一部分的身體動作與運動。舉例來說，要瞬間閃避飛過來的球、碰到太燙的東西時馬上縮手等等，這類的反應稱為「脊髓反射」（spinal reflex）動作，可以不經由腦部處理馬上執行。

人體中和脊髓連接的末梢神經（peripheral nerve）總共有31對，在脊椎之間朝著左右延伸，位於背側的神經會將身體各部位的資訊傳給脊髓，腹側的神經則將腦部和脊髓的命令傳達給身體的肌肉。

我們之所以能自由自在地操作手機、進行各式各樣的運動，就是因為脊髓將外部資訊傳給腦部，並且將腦部發出的命令傳達到手腳等處的關係。

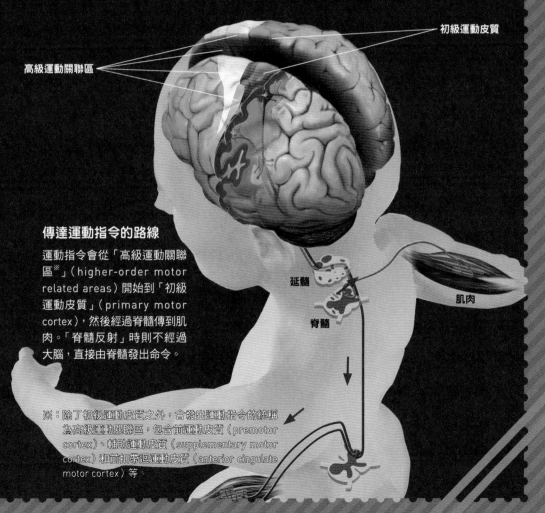

高級運動關聯區

初級運動皮質

延髓

脊髓

肌肉

傳達運動指令的路線

運動指令會從「高級運動關聯區※」（higher-order motor related areas）開始到「初級運動皮質」（primary motor cortex），然後經過脊髓傳到肌肉。「脊髓反射」時則不經過大腦，直接由脊髓發出命令。

※：除了初級運動皮質之外，會發出運動指令的統稱為高級運動關聯區。包含前運動皮質（premotor cortex）、輔助運動皮質（supplementary motor cortex）和前扣帶迴運動皮質（anterior cingulate motor cortex）等。

2

讓智慧型手機
成為神隊友的方法

搭載著各式各樣的便利功能，無論何時何地都會帶著
走的智慧型手機，對於我們的生活來說已經是不可或
缺的存在了。但如果變成「沒有手機就什麼事也做不
到」的話，也是一件相當困擾的事情吧。第2章就讓我
們來探討如何好好運用手機的方法吧！

限制手機的
使用時間

自己可以控制最重要

沒有必要限制自己完全不用手機，或是強制刪除
APP。重要的是確實地把握手機的使用時間，並且讓
自己可以控制。

使用手機的時間比自己想像的還要多，各位讀者有沒有這種經驗呢？如果自覺認為自己花太多時間在手機上的話，可以先試著查核自己到底花了多少時間在手機上。

如果使用專門的APP，就能簡單地掌握自己一整天的手機使用時間。舉例來說，最近的iPhone有「螢幕使用時間」、Android則有「數位健康」的功能，可以掌握手機的使用時間和細項的內容，另外，只要好好運用這些程式的話，還可以限制APP的使用時間。

另外，如果沒有管制手機的動機，就很有可能糊里糊塗地一直玩下去。因此，**首先要決定好一整天的行程，明確了解自己當天該做什麼事情吧**。這樣一來，應該可以大致決定手機的使用時間。

查核手機的使用時間

訂好一整天的行程

手機本來就設計成要吸引人的注意力

將推播通知關掉

把手機放在眼睛看不到的地方

SNS和聊天軟體的通知聲音響起時，意識就會飄向手機，變得無法集中精神在其他事物上。**基本上可以關掉手機的通知聲音，在決定好的時間一次全部確認吧**

但是，就算關閉通知聲音，手機只要在視線內，就會讓人想要伸手去拿，所以可將手機放在其他房間等等，打造出要看手機時得多花點工夫的狀況吧。

睡覺前玩手機的話，會妨礙睡眠（第30頁），因此睡前的30分鐘～1個小時就不要再用手機了。還有不要用手機的鬧鐘功能叫你「起床」，建議使用一般的「鬧鐘」就好。

臥室或枕頭邊有手機的話，睡覺前和起床後就會讓人想玩手機，所以睡覺時就不要把手機帶進臥室裡吧。

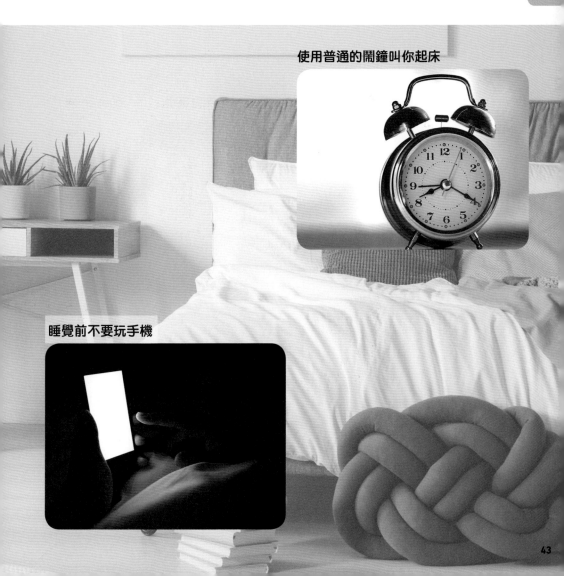

使用普通的鬧鐘叫你起床

睡覺前不要玩手機

黑白畫面
會讓人感到無趣

把手機畫面調成黑白雙色

色彩鮮艷的手機畫面是手機吸引人的魅力之一。因此可以試著把手機畫面調成黑白畫面（灰階模式）。**黑白兩色的畫面會讓人感到無趣，可以期待減少手機的使用時間**。如果想把手機調成黑白畫面，iPhone手機從「設定→輔助使用→顯示與文字大小→顏色濾鏡內選擇「灰階」。Android手機可以從「設定→協助工具→色彩和動態→開啟「色彩校正」功能→選擇「灰階」。

還有，**主畫面可以只放優先順序較高的APP，不滑到別的分頁就找不到其他程式**。手續太多的話就會覺得用起來很麻煩，可能有機會減少毫無目的地打開APP的行為，降低使用機會，或是乾脆刪掉一開始就沒在用的APP吧。

如何活用 SNS 軟體？

在SNS上花太多時間的人，可以先試著弄清楚使用目的。例如「想要有效率地獲得最新的新聞」或是「和興趣相投的人交流」等等，弄清楚目的就可以減少追蹤的人數，更容易限制使用時間。

整理 APP

弄清楚使用 SNS 的目的

※：詳細設定請查看各廠牌手機的使用手冊。

智慧型手機用戶
的大腦正在進化

騎腳踏車和彈奏樂器等活動，隨著練習的累積就會慢慢進步。藉由反覆練習，腦部的大腦皮質（運動皮質）的神經元會變得更容易反應，所以將動作做為資訊固定下來，這就稱為「程式性記憶」（procedural memory），在利用小老鼠進行的研究時發現學習程式性記憶的過程中，大腦皮質的神經元彼此間的連接方式會出現變化。

其實，使用手機時「只用大拇指就能順利滑動畫面和輸入文字等動作」，也被認為有著類似的大腦變化。

德國弗萊堡大學（University of Freiburg）的研究團隊以26位智慧型手機與11位舊式手機用戶為對象，調查大腦皮質在用大拇指操作手機時的反應※，結果發現智慧型手機用戶的腦部對於大拇指刺激所產生的反應都佔上風（迅速且範圍更大）。

在實驗之前已先確定大部分的智慧型手機用戶都以右手大拇指操作畫面，還有也請受試者告知一整天使用手機的時間，相較於智慧型手機用戶平均100分鐘，舊型手機用戶則只有10～20分鐘。根據實驗結果，研究團隊認為人類的腦功能因為手機這個新科技而「擴張」了。

人類大腦適應新科技的能力也許比我們想像的還要高。

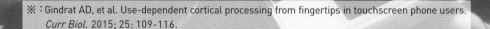

※：Gindrat AD, et al. Use-dependent cortical processing from fingertips in touchscreen phone users. *Curr Biol.* 2015; 25: 109-116.

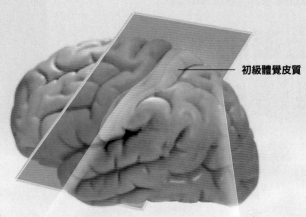

大腦

初級體覺皮質

大腦的初級體覺皮質的
剖面圖

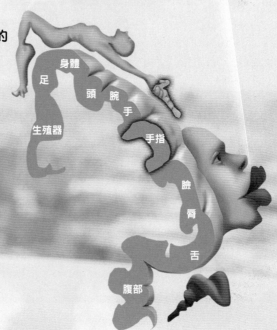

身體
足
頭 腕
手
生殖器
手指
臉
脣
舌
腹部

大腦的表面有負責手指觸覺的領域

加拿大的腦外科醫生懷爾德・潘菲爾德（Wilder Penfield，1891～1976）對癲癇患者的大腦表面各個不同的位置給予刺激，詢問患者哪個部位有感受到觸覺，上圖的「潘菲爾德的皮質小人」就是整理對應關係後繪製而成的圖，醫學家認為智慧型手機用戶在被紅色圈起來、負責手指觸覺部位的神經元的連結方式正在發生變化。

線上遊戲的隊友

「腦波會同步」！

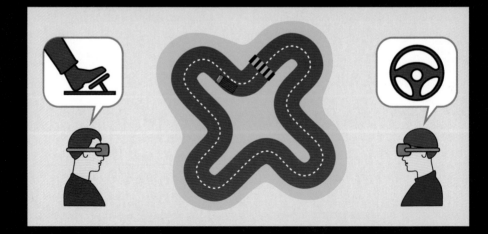

「電子競技」（e-sports）[1]正在全球大流行。其中的樂趣之一就是可以和全世界的對手對戰，也可以和任何人組隊。

饒有深意的是，科學家發現合作玩同場線上遊戲的兩者間，「腦部活動竟然會同步」。芬蘭赫爾辛基大學的研究團隊就以朋友或是情侶一組為對象，進行下面的實驗。[2]

一邊偵測兩位受試者的腦波，一邊請他們合作操作同一部賽車進行線上遊戲，這一組人分別在兩個房間、處於看不見彼此的狀態下，一個人操作方向盤，另一個人操作油門和煞車。

實驗的結果，發現這一組進行遊戲者的腦波，在特定頻率下會同步。當 γ 波（頻率為30〜100赫茲）同步的瞬間，就能更好地操控賽車，因為 γ 波被認為和精神集中及運動有關。當 α 波（頻率為8〜12赫茲）越好地同步時，遊戲的平均表現就越好。α 波被認為與身心放鬆有關。

就算實體被分開，腦波也能同步

至今為止研究已經知道面對面溝通可以讓腦波同步，腦波同部的隊伍可以提升作業的效率。[3]這次的研究則發現就算兩者處於物理上被隔絕的狀態，一樣可以提升效率和性能表現。

※1：「Electronic Sports」的簡稱，就是用電子設備進行娛樂、競技等運動，也就是使用電腦和電動遊戲機進行對戰的競技。

※2：*Neuropsychologia* Volume 174, 9 September 2022

※3：Szymanski C, et al. Teams on the same wavelength perform better: Inter-brain phase synchronization constitutes a neural substrate for social facilitation. *Neuroimage*. 2017; 152: 425-436.

只要好好利用
也可以讓手機
提升睡眠品質

了解睡眠週期

我們睡覺時，會在「快速動眼期」（rapid eye movement）與「非快速動眼期」（non-rapid eye movement）的睡眠週期中反覆循環。下面的圖表是標準的睡眠週期。左邊是開始睡覺時，右邊則是起床時。開始睡覺時，會先從非快速動眼期的第一期循序進入第二期及第三期，漸漸進入深度睡眠。之後又會回到比較淺眠的快速動眼期。可以利用腦波來正確判斷快速動眼期和非快速動眼期，不過利用心跳數和血壓也能進行某種程度的推測，快速動眼期的心律和血壓會比較不穩定，非快速動眼期則會較為安定。

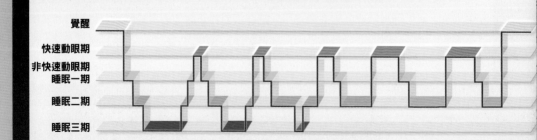

覺醒
快速動眼期
非快速動眼期
睡眠一期
睡眠二期
睡眠三期

品 質好的睡眠對健康非常重要。**近年來利用科技改善睡眠狀況的「睡眠科技」持續受到關注。**

睡眠科技大致分為四種。第一種是在睡墊內安裝偵測儀器，測量睡眠品質。第二種是利用智慧型手表等穿戴裝置上的偵測器來測量睡眠時的身體數值。第三種是測量腦波來分析睡眠狀態，第四種則是利用手機APP來進行睡眠管理。

智慧型手錶可以將睡眠時的心律和血壓製作成圖表，再利用手機來分析確認。**另一方面，只要在睡覺時將手機放在枕頭下，就可以用手機APP來偵測睡眠時的呼吸聲音和身體動作，並且將資訊記錄下來**，雖然精準度可能會差一點，但最大的特點是可以簡單使用。

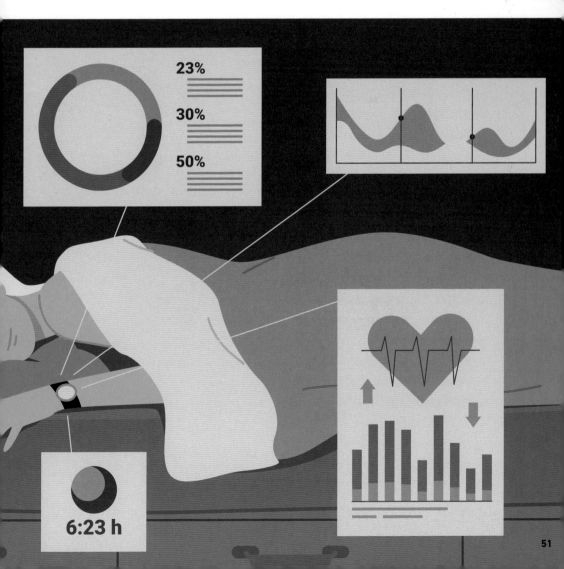

23%

30%

50%

6:23 h

大腦和手機連接的未來

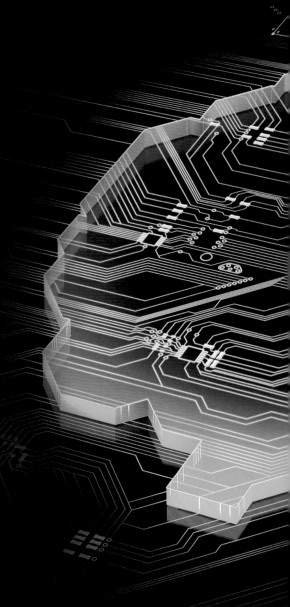

近年來，讓大腦直接連結機器，用腦波就能控制手機等機器的「腦機介面（brain-computer interface簡寫為BCI）的技術不斷提升。**只要使用BCI，插入腦內的電極就會讀取腦波，並且操作手機**。舉例來說，只要看著手機的畫面，想著「我想用這個APP」，程式就會自動開啟。

另外，2022年3月中國的Nreal公司推出了智慧型眼鏡「Nreal Air」，可以在鏡片上顯示畫面。重量只有79克，戴起來就和一般的眼鏡一樣，但是卻可以和現有的智慧型手機連動，將手機畫面直接投射到鏡片上並進行操作或是觀賞影片。

另一方面，改善過度依賴手機的研究也在進行中。KDDI電信公司和東京醫科牙科大學就於2020年開始進行共同研究。預計使用專門的APP，分析實際使用手機和網路的狀況，了解手機成癮症的症狀，以及進行治療和檢驗治療效果。然後活用獲得的研究成果，目標在2024年中進行實用化。

智慧型手機持續進化

手機讓我們的生活更加便利，蘊藏著豐富生活的可能性。另一方面，手機對腦部的影響也還有許多科學上不了解的地方，我們必須一邊關注今後的研究成果，一邊摸索用更寬廣的視角來正確活用手機的方式。

「邊走路邊用手機」是多工處理

「邊走路邊用手機」已經變成了一個很大的社會問題，**因為邊走邊用手機等於是要同時進行兩種截然不同的動作，對大腦會帶來大量的負擔**。還有，根據最新研究顯示，高齡者邊走邊用手機更是潛藏著極大的風險。

以前做過下列的實驗，讓16位年輕人和15位高齡者戴著可以偵測腦部活動的「光學造影」裝置，一邊走路一邊用手機「依照順序按數字」。[※1]結果年輕人的成績比高齡者好。

仔細調查各人的腦部活動，年輕人當中，左邊的前額葉越活化，越能更好地操作手機，右邊的前額葉越活化，則走路更加穩定。也就是說年輕人的左腦和右腦分別處理操作手機和走路。**另一方面，高齡者的大腦則不擅長同時分別處理不同的動作。**

這個實驗並不是要肯定年輕人邊走邊玩手機，而是探討走路用手機這種「同時處理複數行為」的多工處理（multiplexing）產生的影響。一心二用的多功處理乍聽之下好像很有效率，但常常這樣做會讓大腦感到疲累。研究顯示大腦處於壓力的情況下，「皮質醇」激素的分泌量就會升高。大腦因交感神經持續活化而疲勞，導致專注力和記憶力下滑，可能會發生意想不到的失誤或意外。[※2]

不過目前我們也知道進行一定時間的多工處理，也可以讓腦內多個部位活化，[※3]對於腦受傷後的復健有幫助。[※4]

※1：Takeuchi N, et al. Parallel processing of cognitive and physical demands in left and right prefrontal cortices during smartphone use while walking. *BMC Neurosci.* 2016; 17: 9.

※2：Madore KP, et al. Memory failure predicted by attention lapsing and media multitasking. *Nature.* 2020; 587: 87-91.

年齡越大風險越高

邊走路邊玩手機是一種要同時進行「走路」和「操作手機」兩種不同動作的多工處理。根據最新的研究顯示，年紀越大的人，腦部越不擅長同時處理兩個動作。

※3：Worringer B, et al. Common and distinct neural correlates of dual-tasking and task-switching: a meta-analytic review and a neuro-cognitive processing model of human multitasking. *Brain Struct Funct*. 2019; 224: 1845-1869.

※4：Couillet J, et al. Rehabilitation of divided attention after severe traumatic brain injury: a randomised trial. *Neuropsychol Rehabil*. 2010; 20: 321-339.

3

運動對腦部
帶來的效果

藉由腦部處理各式各樣的資訊，我們的身體才能自由
自在地活動。在第3章，我們要一邊觀察腦部控制運
動的機制，一邊探究頂級運動員的精湛技巧的秘密。
還有思考運動讓腦部活化的可能性。

「運動」會使用腦部的各種領域功能

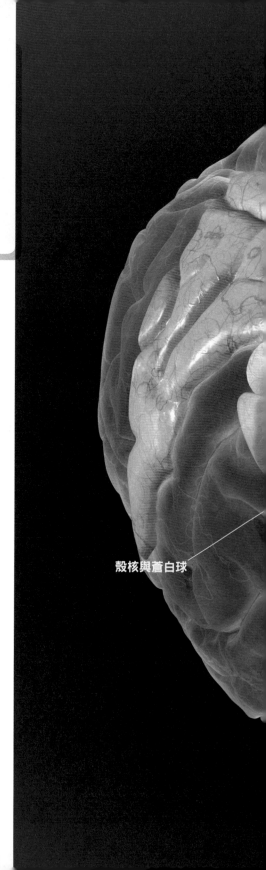

殼核與蒼白球

在腦部擔任的重要任務中，有些動作乍看之下會讓人認為好像沒有在動腦，運動就是其中一種。**但實際上，如果沒有腦部發出指令，我們連走路都做不到。**

要讓身體動起來，與腦中各種功能的部位有關。例如大腦表面的「運動皮質」、位於腦部深處的「基底核」（basal ganglia）、中腦、橋腦、延髓合稱的「腦幹」（brain stem）、還有位於後頭部的「小腦」（cerebellum）等，缺一不可。

另外，運動時需要先知道自己處於什麼樣的情況，以及掌握運動過程中遭遇的各種狀況，所以還需要處理視覺資訊，並翻找過去記憶中的運動經驗，和實際的動作連結起來。

接下來還要準備下一個動作的方式或是微調動作等等，像這樣就需要腦中各種領域的功能參與進來處理資訊。

準備運動指令和
發布命令的「運動皮質」

殼核與蒼白球

尾核

對維持姿勢和移動
最重要的「基底核」

黑質

中腦（剖面圖）

讓運動指令和感覺訊號
往返的「腦幹」

對學習運動和微
幅調整極為重要
的「小腦」

連結脊髓

3
運動對腦部帶來的效果

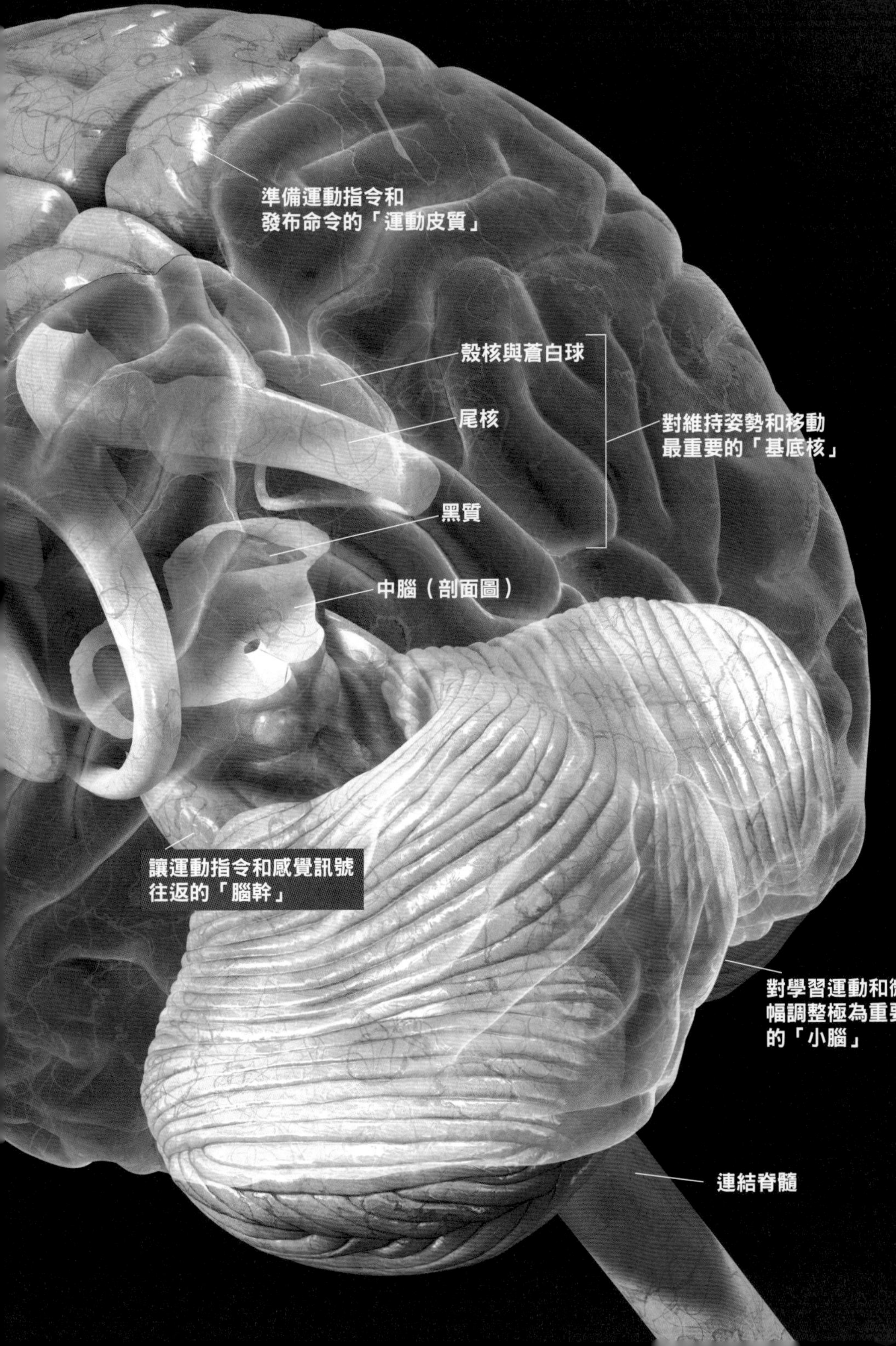

一流足球選手的
華麗腳法的秘密
就在腦部

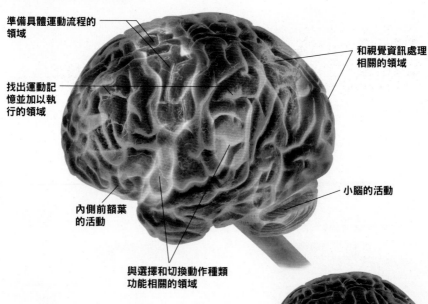

足球明星內馬爾的腦部活動

準備具體運動流程的
領域

和視覺資訊處理
相關的領域

找出運動記
憶並加以執
行的領域

小腦的活動

內側前額葉
的活動

與選擇和切換動作種類
功能相關的領域

頂級運動員的腦部活動

內馬爾的腦部活動中，擷取運動記憶並加
以執行的領域（紫色）、選擇各種不同動作
的領域（藍色），準備具體動作流程的領域
（黃色）都被觀察到有強烈活動的現象。

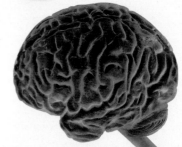

其他選手的腦部活動

內馬爾腦中的活動領域，有許多部分
都沒有在其他選手的腦中觀察到。

職業足球員內馬爾（Neymar，1992～）常常以精妙的運球行雲流水地晃過對手。日本腦情報通信融合研究中心的內藤榮一博士曾請內馬爾等七位足球選手接受測試，想像用假動作晃過對手的場面，同時測量他們的腦部活動。結果**內馬爾的腦部在與運動相關的領域中有複雜且多方面的活動。其他足球選手的腦部活動就沒有像內馬爾那樣複雜。**

還有請他們實際上轉動腳踝，測量大腦領域中負責傳送運動指令的神經元的活動方式。結果內馬爾的大腦在相對應領域的活動明顯地比其他人更小。※

也就是說，內馬爾在運動時，大腦的工作更有效率，因此他的身體才能做出沒有多餘動作的運動方式。

※：實驗結果刊登在專門研究人類腦功能和腦疾病患者的學術期刊《*Frontiers in Human Neuroscience*》（2014年8月1日）。

3
運動對腦部帶來的效果

註：照片攝於2015年3月

腦部對肌肉 下達指令 的機制

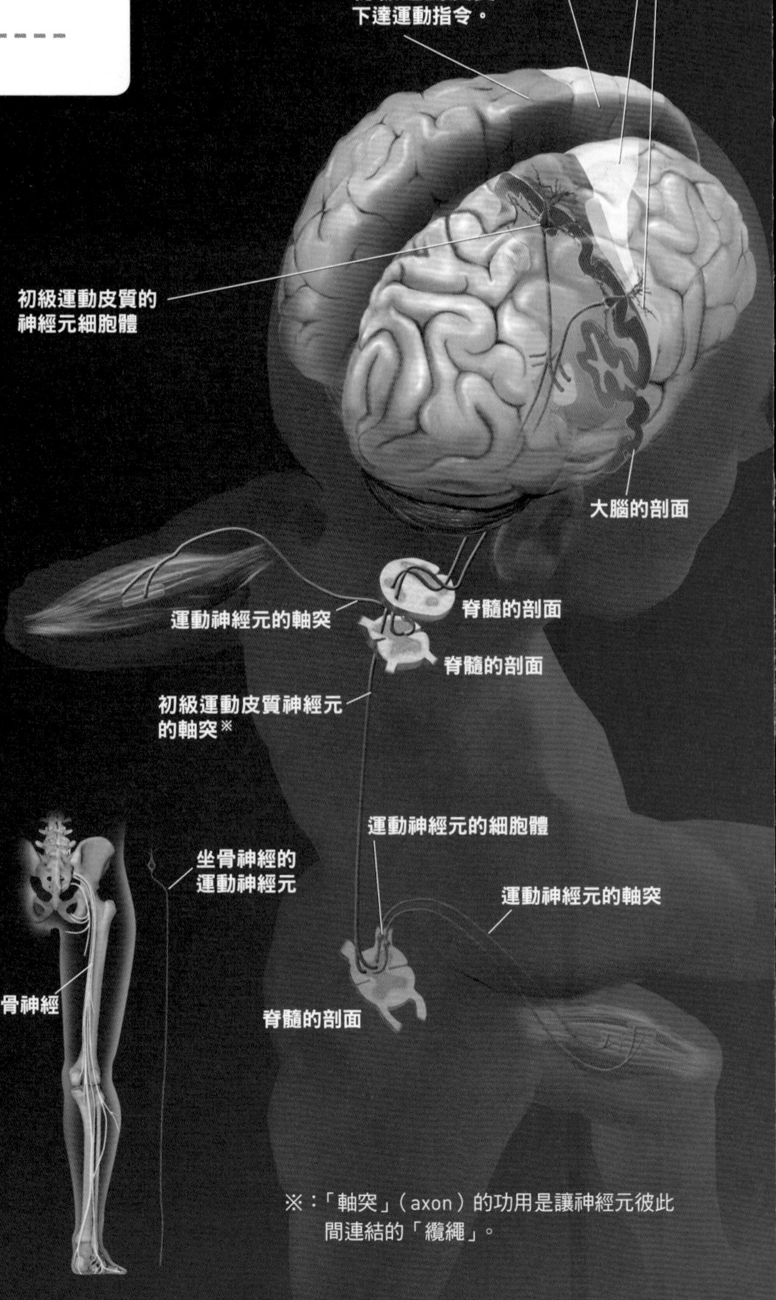

前運動皮質
以視覺等資訊為基礎，準備運動的內容（流程）。

輔助運動區
控制走路時的姿勢，與運動順序息息相關。

初級運動皮質
下達運動指令。

初級運動皮質的神經元細胞體

大腦的剖面

1.揮動手臂和腳

跑步時，隨著手臂往前方揮動，和手臂相反側的腳就會往前跨出著地。手臂往後方揮動，和手臂相反側的腳就會往後蹬離地。

運動神經元的軸突

脊髓的剖面

脊髓的剖面

初級運動皮質神經元的軸突※

運動神經元的細胞體

長達 1 公尺的坐骨神經

和一支鉛筆差不多粗的「坐骨神經」（省略一部分的分枝）是從腰部附近開始延伸到腳尖，長度可達 1公尺。

坐骨神經的運動神經元

運動神經元的軸突

坐骨神經

脊髓的剖面

※：「軸突」（axon）的功用是讓神經元彼此間連結的「纜繩」。

我們往前跑時，首先要將大腿往前，然後伸直膝蓋讓腳著地⋯⋯但根本沒有人會去動腦思考。**一旦開始跑起來，就會下意識地交互抬腿伸腳。產生跑步節奏的中樞就是腦幹和脊髓（第36頁）。**

作為運動指令的電子訊號會從初級運動皮質的神經元出發，沿著脊髓向下，最後讓「運動神經元」接收。運動神經元是從脊髓延伸連接肌肉，將指令發佈到該進行運動的肌肉。

所謂運動神經的好壞，其實和運動神經元沒有直接關係，近年的研究認為與遺傳及肌肉細胞的組成有關。另外的研究也顯示出不同的競技項目，擅長者和不擅長者的肌肉細胞組成也不同。

2. 在空中把大腿往前送

位於大腿前側的「股直肌」和從脊椎經過骨盆連接大腿骨的「腰大肌」等肌肉會收縮，將大腿往前方移動。

3. 著地側的大腿會往後方送

位於臀部的「臀大肌」和大腿後側的「大腿後肌（膕旁肌）」等肌肉會收縮，在身體騰空的期間將著地的腿往後方移動。

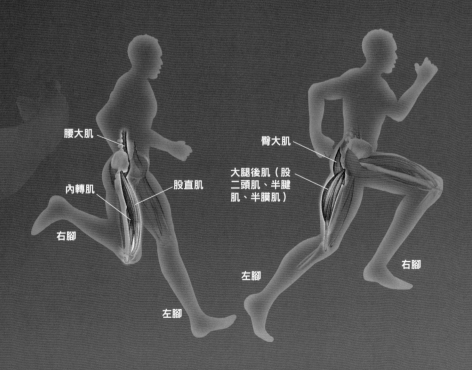

腰大肌
內轉肌
股直肌
右腳
左腳
左腳

臀大肌
大腿後肌（股二頭肌、半腱肌、半膜肌）
右腳
左腳

人類可以維持正確姿勢
要歸功於大腦基底核

讓動作開始和結束的
大腦基底核

圖片是大腦半球的剖面圖，紅色所
圈起來的地方就是「基底核」。

　右頁圖片中被染成藍色的是電子
訊號的通道（被絕緣體包覆住的神
經元軸突），是基底核、視丘、運動
皮質（大腦皮質）傳達訊號的代表
性路線。

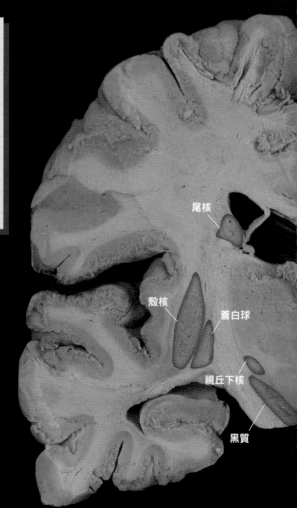

尾核

殼核

蒼白球

視丘下核

黑質

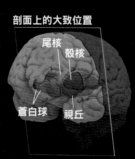

剖面上的大致位置

尾核

殼核

蒼白球　視丘

「肌」張力不全症」（dystonia又譯為肌張力障礙）是腦部停止無意義動作的開關功能異常的一種疾病。舉例來說，身體一部分無法停止扭動抽搐，而持續的扭動會導致骨骼歪斜。**從這件事情可以發現，抑制無謂的動作，維持正確的站姿和坐姿，其實都要歸功於腦部控制的運動功能。**

另外，即便運動開關打開，卻無法正常動作的不治之症就是「帕金森氏症」（Parkinson's disease），患有此病的人會喪失傳送某種運動指令的功能，肌肉明明沒有衰退，卻出現無法行走的症狀。但是當在腳邊畫線，給予「請踩在線上」等具體的視覺資訊時，就可開始走路。

像這樣與動作的開始和結束息息相關的，就是位於大腦深處的基底核。

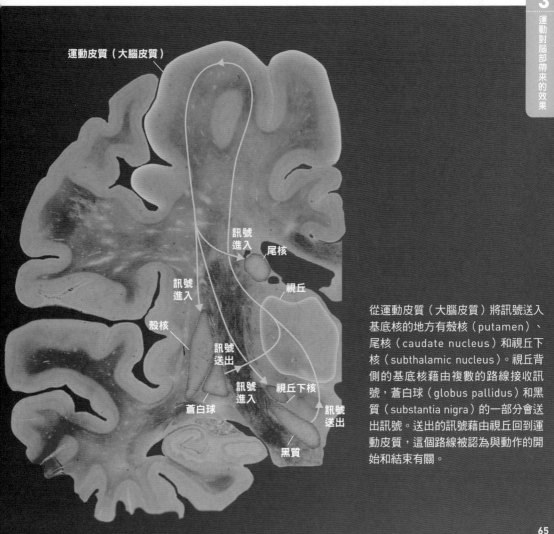

運動皮質（大腦皮質）

訊號進入

尾核

視丘

訊號進入

殼核

訊號送出

訊號進入

視丘下核

蒼白球

訊號送出

黑質

從運動皮質（大腦皮質）將訊號送入基底核的地方有殼核（putamen）、尾核（caudate nucleus）和視丘下核（subthalamic nucleus）。視丘背側的基底核藉由複數的路線接收訊號，蒼白球（globus pallidus）和黑質（substantia nigra）的一部分會送出訊號。送出的訊號藉由視丘回到運動皮質，這個路線被認為與動作的開始和結束有關。

「身體記憶」
的機制是什麼？

普金斯細胞（綠色的部分）會從攀爬纖維（橘色的部分）接受實際動作與預測動作之間的誤差訊號。這個訊號會被顆粒細胞的平行纖維（紫色的部分）所抑制，減少不必要的輸入，讓身體動作變得更加流暢。

在開始學習新的運動時，即便動作有點僵硬，但隨著累積練習後，動作就會變得順暢。**這種一般被稱作「身體記憶」（body memory）的學習過程，關鍵就掌握在小腦的神經元上。**

小腦的體積雖然不超過腦整體的10％，但是腦部的神經元大多在小腦。其中幾乎都是以微小的「顆粒細胞」（granule cell）所構成的神經元，它們藉由平行纖維（parallel fiber）的軸突，將訊號傳給「普金斯細胞」（Purkinje cell）的其他神經元。

以打者揮棒落空的場合為例，腦幹的下橄欖核（inferior olive）神經元會藉由攀爬纖維（climbing fiber）的軸突，將「理想的揮棒軌跡」和「實際的揮棒軌跡」之間的誤差訊號傳到普金斯細胞，然後抑制來自平行纖維的多餘訊號輸入。結果可以降低無意義的動作，讓身體的運動更加平順。

平行纖維（從顆粒細胞延伸分散的軸突）

傳送運動指令等訊號

顆粒細胞

平行纖維和普金斯細
胞的連接處（突觸）

輸入的訊號被剝離（抑制）

攀爬纖維和普金
斯細胞的連接處
（突觸）

變成訊號難以
傳導的狀態

剩餘的訊號輸入

普金斯細胞接
收訊號的位置
（樹突）

攀爬纖維
（從腦幹的下橄欖核
延伸而來的軸突）

誤差的訊號被回傳

普金斯細胞

普金斯細胞的軸突

傳送訊號

用中強度的運動
活化腦部運作

運動被認為可以活化腦部工作，改善認知功能。關鍵就在於研究報告（1995年）中顯示，運動可以增加海馬迴的「大腦衍生神經滋養因子」（brain-derived neurotrophic factor縮寫為BDNF）。

神經滋養因子是一種和「受體」結合後會作用於神經元的蛋白質的統稱。 受體則是會辨認資訊傳遞物質，與之結合後將資訊傳遞到細胞內部並令其運作的蛋白質。

神經元彼此間連結的部分稱為「突觸」（synapse），這裡會分泌神經傳導物質並傳達資訊，突觸的能力會因應活動而變強或變弱，被稱作「突觸可塑性」（synaptic plasticity），並且和記憶與學習有關。**BDNF在掌管記憶的「海馬迴」中有著極高的濃度，同時也和突觸可塑性有關，被認為會對學習和記憶帶來影響。**

至今為止在許多的動物實驗中發現，運動會促進腦內各個領域中產生BDNF，報告中也指出人類因運動提升認知功能時，血液中的BDNF也會增加。舉例來說，檢驗經過一年的中～高強度運動訓練的高齡者的腦部，發現海馬迴的體積些微增加，血液中的BDNF濃度也提升了，記憶測試的分數也有所改善。[1]另外報告中還表示即使是年輕人，在進行會提升認知功能（這個實驗中稱為執行功能[2]）的急性中強度運動時，血液中的BDNF也會增加。[3]。

只是血液中觀察到的BDNF增加是否能反映在腦部功能的提升，至今為止兩者間的因果關係還不甚明朗。

※1：Erickson KI, et al. Exercise training increases size of hippocampus and improves memory. *Proc Natl Acad Sci USA*. 2011; 108: 3017-3022.

※2：第72頁會解說執行功能。

※3：Ferris LT, et al. The effect of acute exercise on serum brain-derived neurotrophic factor levels and cognitive function. *Med Sci Sports Exerc*. 2007; 39: 728-734.

存在於海馬迴和小腦等地方的BDNF

大腦衍生神經滋養因子（BDNF）是1982年時從豬腦精製而成的蛋白質中發現的物質。除了存在於大腦皮質、海馬迴、小腦等中樞神經外，也在肺部、心肌、平滑肌等末梢組織中的血液內找到。

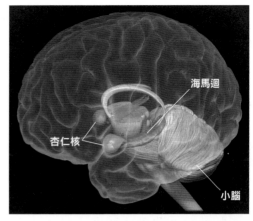

杏仁核　海馬迴　小腦

BodyParts3D, Copyright © 2008, 生命科學綜合資料庫中心，licensed by CC知識分享署名-相同方式分享 2.1日本（http://lifesciencedb.jp/bp3d/info/license/index.html），加筆改繪。

運動會對掌管記憶的
海馬迴帶來影響

研究顯示運動會對掌管記憶的海馬迴產生變化。

海馬迴是大腦邊緣系統的一份子，將進入大腦的資訊改寫成適合留存成記憶的形式，擔任非常重要的角色。進入海馬迴的資訊會以「齒狀回」（gyrus dentatus）為起點，通過神經迴路，再度回到大腦皮質。齒狀回位於海馬迴的入口，為最初接收來到海馬迴的電子訊號的場所，然後將其送入海馬迴裡面。這個神經迴路運轉後，資訊就會做為記憶留在大腦裡面。

另外，成年人的腦部長年以來被認為無法再長新的神經元，但是在1990年的研究報告中顯示，海馬齒狀回能長出新的神經元，齒狀回中新生的細胞也和記憶有關。再加上於動物實驗中發現，運動也和強化齒狀回神經元生長有關，於是運動與腦部的關係研究也變得蓬勃發展了起來。

日本筑波大學在研究中表示，進行瑜珈、太極拳還有慢跑等誰都可以做到的輕度運動時，海馬迴會受到刺激，記憶力也會有所提升[※1]。這點對於高齡者和體力較為不足的人算是個好消息。

但是，雖然在動物實驗中發現為期幾週的低強度運動訓練可以增加齒狀回的神經元，但是還沒有獲得也可以促進人類海馬迴神經元增生的直接證據。

另外，如果進一步做高強度運動，在動物實驗中的提升效果有到達極限的傾向。但是如果做高強度間歇運動的話，海馬齒狀回的神經會增加，空間記憶的能力也有所提升。[※2]之後對於在人體上的驗證成果值得期待。

※1：Suwabe K, et al. Rapid stimulation of human dentate gyrus function with acute mild exercise. *Proc Natl Acad Sci USA.* 2018; 115: 10487-10492.

※2：Okamoto M, et al. High-intensity Intermittent Training Enhances Spatial Memory and Hippocampal Neurogenesis Associated with BDNF Signaling in Rats. *Cereb Cortex.* 2021; 31: 4386-4397.

海馬迴和運動的關係

研究報告顯示進行輕度運動的話可以刺激海馬迴，提升記憶力。還有在動物實驗中發現，運動可以讓海馬迴入口的齒狀回更容易增加新的神經元。

3

運動對腦部帶來的效果

文武雙全其實是理所當然？
腦和運動的相關關係

藉由運動有可能提升大腦的執行功能

以小學生為對象，在運動教室進行每週五天，持續九個月，觀察記錄小孩子的體力與認知功能的變化。此項研究中顯示，來運動教室上課，體力得到提升的小孩，在認知功能中的執行功能也有明顯的改善，另外也發現放學後的運動教室使用率，也和執行功能的變化量有關，身體活動量越多，執行功能的改善也越大。

參考：Hillman CH, et al. Effects of the FITKids randomized controlled trial on executive control and brain function. *Pediatrics*. 2014; 134: e1063-e1071.

讀書和運動都很優秀被稱為文武雙全，關於學力與體力之間的關係，學界也進行了各式各樣的研究。

美國伊利諾州的「小學生的全身持久力與算數·閱讀測驗成績的關係」研究中，發現小朋友在筆試時的腦波，在運動時也會一樣活躍。[※1]**這表示了運動帶來的「刺激與體力提升」和「記憶與專注力」也有關係。**

另外近年來被稱作「執行功能」（executive function）的大腦功能受到關注。執行功能指的是以某個目的進行活動時，如何循序漸進地設定計畫、控制行動與思考的能力。報告顯示當IQ（智力）相同的情況下，執行功能越高，算數的成績會越好。再加上以小學3、5年級的學生為對象，進行有氧運動與學力關係的研究中顯示，有氧運動能力較高的小孩的學力測驗成績也必較好。[※2]。

※1：Hillman CH, et al. Be smart, exercise your heart: exercise effects on brain and cognition. *Nat Rev Neurosci.* 2008; 9: 58-65.

※2：Castelli DM, et al. Physical fitness and academic achievement in third- and fifth-grade students. *J Sport Exerc Psychol.* 2007; 29: 239-252.

運動帶來的
心理健康效果

運動具有的健康效果

運動對於腦部有什麼樣的作用，現階段也許還不甚明朗，但是學界對於運動為健康本身帶來幫助有很大的期待。下圖顯示的是從2000年開始，以日本群馬縣中之条町65歲以上的居民共5000人為對象，持續調查日常身體活動與預防生病之間關係的結果。

一整天快走的步數和時間對健康的影響

步數（步）	快走的時間	期待能預防的疾病
2000	0	臥床不起
4000	5	憂鬱症
5000	7.5	需要支援、需要看護、老人痴呆、心血管疾病、中風
7000	15	癌症、動脈硬化、骨質疏鬆
7500	17.5	高血壓、糖尿病、血脂異常
10000	30	代謝症候群
12000	40	肥胖

有一假說認為要維持睡眠、清醒的節奏和心理健康，與腦內的「單胺神經傳導質」（monoamine neurotransmitter）有關。單胺神經傳導質是神經傳導物質中兒茶酚胺（catecholamine，包括腎上腺素、去甲腎上腺素和多巴胺）與血清素（serotonin）等物質的統稱。

血清素是由一種名為色胺酸（tryptophan）的必需胺基酸（essential amino acid）[1]合成而來，缺乏血清素被認為是自律神經失調或是憂鬱症的原因。運動也是增加血清素的有效手段之一。在以開發治療憂鬱症藥物為目的進行的研究中顯示，在旋轉籠中運動過後的小老鼠的海馬迴中，發現血清素的受體會被活化，具有抗憂鬱的效果。[2]。

另外，**關於運動與腦部，有一說認為運動可以增加腦內多巴胺的分泌量，提高專注力**。

※1：必需胺基酸是指由蛋白質構成的胺基酸中，人類和動物體內無法自行製造，必需從食物中攝取者。
※2：Kondo M, et al. The 5-HT3 receptor is essential for exercise-induced hippocampal neurogenesis and antidepressant effects. *Mol Psychiatry*. 2015; 20: 1428-1437.

活動身體消除壓力！

運動可以活化腦部，又能讓心情暢快，所以對消除壓力相當有效。**但是，像是重量訓練等劇烈運動做過頭的話，可能會增加「皮質醇」等壓力激素（stress hormone）的分泌。**

皮質醇是腎上腺皮質分泌的一種激素，可以促進身體和腦

皮質醇過度分泌會讓海馬迴萎縮

根據1998年在加拿大發表的研究報告，將高齡者分為皮質醇分泌量較多者和普通者兩群，比較兩者的腦大小。發現分泌量較多者的海馬迴體積比普通者約減少了14%。

參考文獻：Lupien SJ, et al. Cortisol levels during human aging predict hippocampal atrophy and memory deficits. *Nat Neurosci*. 1998; 1: 69-73.

部產生所需的能量，並抑制發炎及免疫功能。此外，皮質醇還可以讓大腦和身體因應壓力進行適當的調節。

皮質醇具有晝夜節律（circadian rhythm），如果生理時鐘被破壞，分泌量會增加，有可能導致海馬迴萎縮。

輕度的運動不會刺激壓力激素分泌，另外，配合會讓人想律動的音樂進行慢速有氧運動，也有助於改善心情，提升大腦的執行功能（第72頁）。※關於這類的運動效果，我們可以靜待更多的研究。

※：征矢英昭《提升腦部運動的慢速有氧運動》
　　NHK出版，2018。

4

酬賞對大腦決策帶來的影響

我們可以付出勞力、和周圍的人合作、參與社會活動，全多虧大腦的學習。為了讓獲得的酬賞最大化，腦會活用學到的經驗進行決策。第4章就以追逐酬賞的大腦，以及大腦如何下決策為中心來進行介紹。

大腦是如何
選擇行動的呢？

下意識地反覆行動「效果律」

美國心理學家愛德華・桑代克（Edward Thorndike,
1874～1949）於1905年提出「效果律」（law of
effect），認為某種行動所伴隨的愉快感覺會加強這
個行動，如果預測會產生愉快效果，就算沒有刺激也
會下意識地反應，這就是俗稱的「習慣」。

當要從多種選擇中決定一種行動時，人類的腦會事先計算每種行動的結果和價值，然後進行選擇。

計算價值時會利用三種資訊，分別是：從眼睛或耳朵等感覺器官進入的資訊（認知資訊）、進行某種行動的動機（動機資訊）、以及喜悅和恐懼等情感（情感資訊），大腦內基於這三種資訊而下決策的機制，被認為支撐著人類的思考活動。

2003年，美國加州大學的研究團隊進行一項實驗，給參加實驗的人看兩張一組的異性照片，然後回答哪一位比較具有魅力。結果發現在實際說出判斷之前，視線就已經先看向有興趣的那一位了。**藉此實驗可以發現，我們在有意識地判斷之前，大腦就已經下意識地做好決定了。**

4

酬賞對大腦決策帶來的影響

大腦的決策方式
有**兩種模組**

學界認為大腦在下決策時有兩種模組。一種是強化實際可以獲得喜悅感等酬賞的行動 ──「習慣」。另一種則是預測、判斷哪一種行動可以獲得最多酬賞的「目的取向」。

　　根據最近幾年的研究指出，習慣會在腦部深處的基底核進行，目的取向則是在「前額葉」的大腦皮質處進行。

　　舉例來說，「想要新增自己住處附近提供美味料理的餐廳選單」，就是目的取向的一種，這時腦會使用「腦內地圖」（下方的專欄），找到「後巷中好像開了一間新的餐廳」的訊息，不單單只是利用過去的成功體驗，還基於自己的假設來選擇行動，就是大腦行動模組中所謂的目的取向。

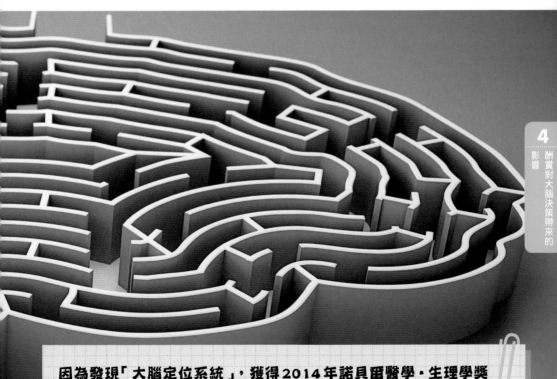

因為發現「大腦定位系統」，獲得2014年諾貝爾醫學・生理學獎

2014年，英國倫敦大學學院的約翰・歐基夫（John O'Keefe）和挪威科技大學的莫瑟博士夫妻檔（May‐Britt Moser、Edvard I. Moser）發現了大腦掌握空間的機制（大腦定位系統），而獲得了諾貝爾醫學・生理學獎。

　　歐基夫博士在老鼠的腦中發現來到特定地點時會活化的細胞，將其命名為「位置細胞」（place cell），莫瑟夫妻則發現了位置細胞活化的原因，揭開了大腦如何讓我們定位空間所在位置（定位系統）。

做決定時
發揮極大影響的
「多巴胺」

影響行動和積極性的多巴胺

注意力不足過動症（Attention-Deficit Hyperactivity Disorder縮寫為
ADHD）※的患者中，有些人的症狀是多巴胺受體中的D1受體減少，陷入
酬賞缺乏症候群（reward deficiency syndrome）的無精打采狀態。另
外，如果減少的是D2受體，則會無法抑制使用藥物或酒精的欲望而導致
成癮，或是無法克制過量攝取卡路里，變成過度肥胖的狀態。

※：注意力不足過動症屬於發展障礙（developmental disorder）的一
　　種，其特徵是好動、無法專心，不善於同時執行多種行為。

本單元要來介紹與大腦做決定時相關的有趣研究。某個研究者使用只要動物壓拉桿就會掉出飼料的機關進行實驗。

在這個實驗中，將動物討厭的氣味與飼料搭配在一起，刻意降低做為酬賞的飼料價值。結果已經訓練好知道壓拉桿就會有飼料的動物（經過學習強化），對於飼料的價值下降有明顯的反應。

但是當神經傳導物質之一的多巴胺的功能受到抑制的動物在進行同一個實驗時，即便酬賞的價值下降，也還是有反覆選擇同一種飼料的傾向。**也就是說，多巴胺對於大腦下決定會帶來很大的影響。**

多巴胺會藉由大量存在於大腦基底核的紋狀體（striatum）內的「多巴胺受體」進行作用，其中，第一型受體D1會促進行動，第二型受體D2則是傳遞抑制訊號。

「酬賞效果」在腦中
產生作用的原理

妨礙多巴胺抑制功能的
「類鴉片」

多巴胺神經元和抑制性神經元存在於腹側
蓋區，而神經元之間交換資訊的突觸存在
於依核。抑制性神經元的表面本來會有好
幾種受體，這邊只畫出類鴉片的受體。

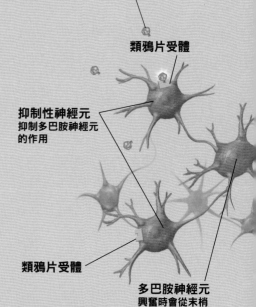

類鴉片
肽（peptide，胺基酸連結的
分子）的一種。黏在抑制性
神經元表面的受體後，就會
降低抑制性神經元的作用，
讓多巴胺分泌量變多。

類鴉片受體

抑制性神經元
抑制多巴胺神經元
的作用

類鴉片受體

多巴胺神經元
興奮時會從末梢
釋放出多巴胺

依核

腹側蓋區

和人類的快樂（喜悅）有關的多巴胺神經元就像是為了連接「腹側蓋區」和「依核」而存在。也就是在第18頁介紹過，被稱作「酬賞系統」的神經迴路。

另一方面，跑步者愉悅感這類的快感是由別的機制引起的，因為通常多巴胺神經元裡面會黏著「抑制性神經元」，抑制多巴胺過度分泌。

抑制性神經元的表面有接受各式各樣物質的受體。如果感到劇烈疼痛時，腦內會製造一種稱為「類鴉片」（opioid）的物質，然後和抑制性神經元表面的「類鴉片受體」結合。**類鴉片也被稱作「腦內啡」（endorphin），會妨礙抑制性神經元的工作。**

結果抑制性神經元被阻隔後，多巴胺分泌量變多，也讓心情更加愉悅。

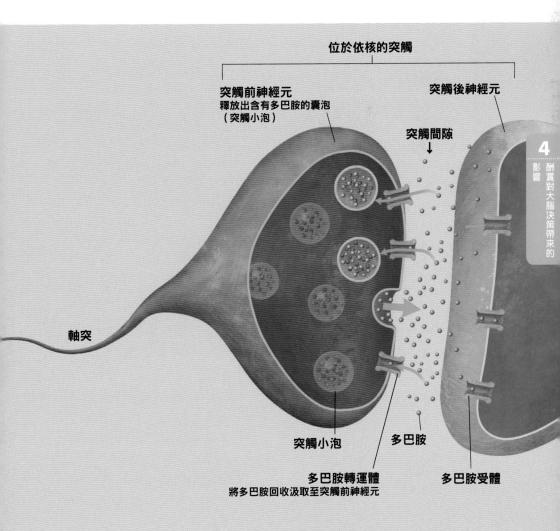

位於依核的突觸

突觸前神經元
釋放出含有多巴胺的囊泡
（突觸小泡）

突觸後神經元

突觸間隙

軸突

突觸小泡

多巴胺

多巴胺轉運體
將多巴胺回收汲取至突觸前神經元

多巴胺受體

意料外的酬賞
會讓大腦分泌
更多的多巴胺

人類在選擇某種特定行動時，多巴胺擔任了非常重要的角色。

根據習慣而選擇的行動（第82頁），被認為是在大腦基底核內學習和形成。這個時候，大腦基底核的多巴胺釋放量，會決定學習的強度。

多巴胺的釋放量並不會和獲得的酬賞量成比例地增加，而是以行動之前預測的酬賞和結果獲得的實際酬賞兩者之間的差異來決定的。舉例來說，A每年可以收到壓歲錢一萬元，B每年可以收到5000元壓歲錢。某一年，A和往年一樣拿到一萬元壓歲錢，但是B也拿到了一萬元。對於B來說，這年的壓歲錢比預測多了5000塊，這稱為酬賞預測誤差（reward prediction error）。

這個情況下，A的酬賞預測誤差是0元，所以壓歲錢不太會讓

利用酬賞預測誤差
進行強化學習的機械

電腦科學家理查德·薩頓（Richard Sutton）和安德魯·巴托（Andrew Barto）把基於酬賞期望值所計算出來的酬賞預測誤差視作強化學習（reinforcement learning）的訊號，讓機器進行強化學習。[編註]把酬賞預測誤差用作強化學習訊號的優點，是在酬賞容易變動的環境中也能有效率地強化學習。

編註：機器學習（machine learning）是指讓電腦從資料中自動分析獲得規律，並利用規律對未知資料進行預測的演算法「學習」。

多巴胺分泌。**但是B的酬賞預測誤差是5000元，這樣就會大量釋放出多巴胺。這個機制會影響學習的欲望和行動，甚至延伸到情感層面。**

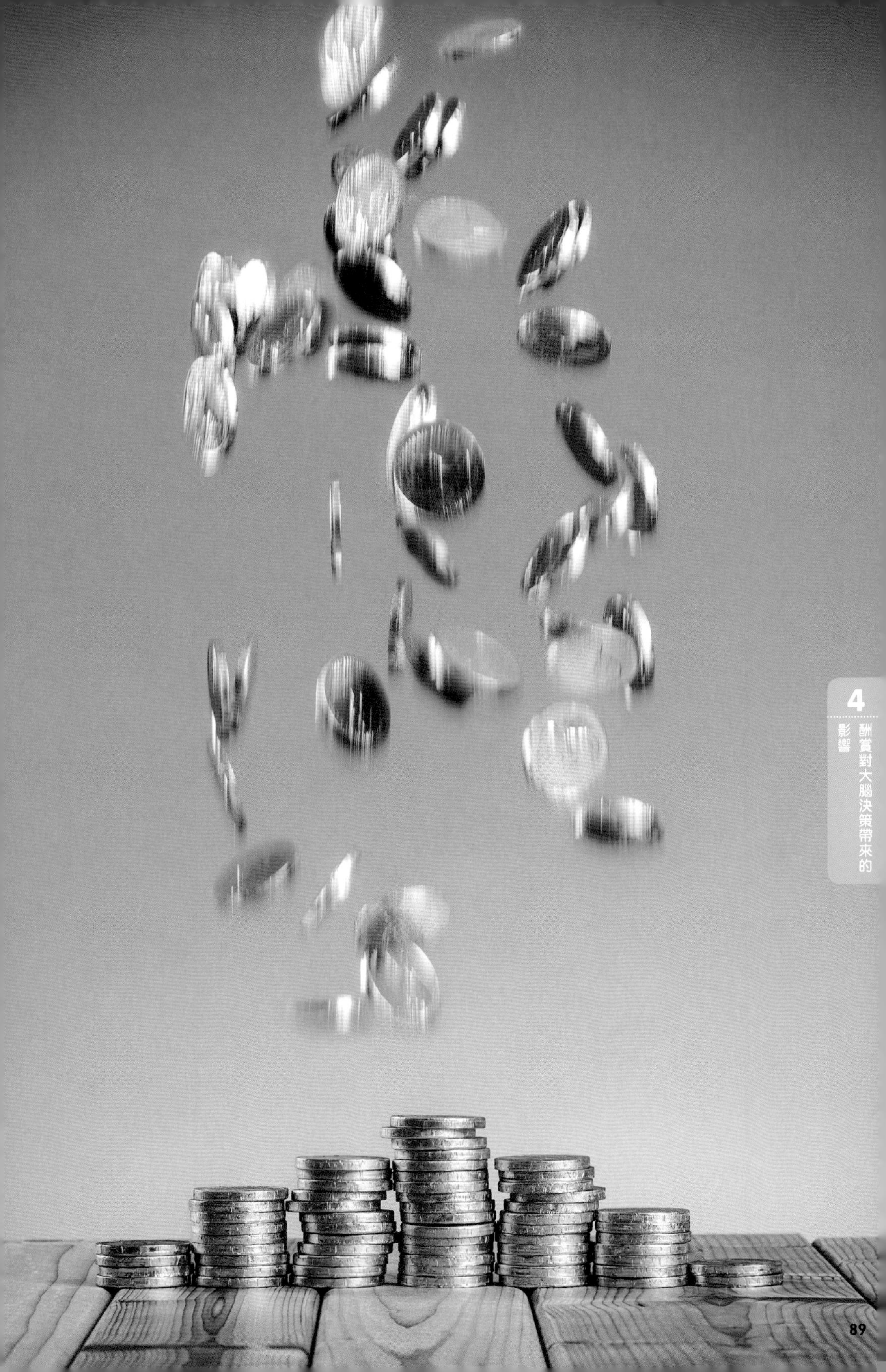

計算風險
估算酬賞的大腦

**大腦認為辛苦獲得的
酬賞價值更高**

辛苦讀書和工作後獲得實際成績，會提升再度鑽研精進的欲
望。但是如果因為許多偶然，沒有特別努力也獲得成果的
話，學習的意願也有可能下降。

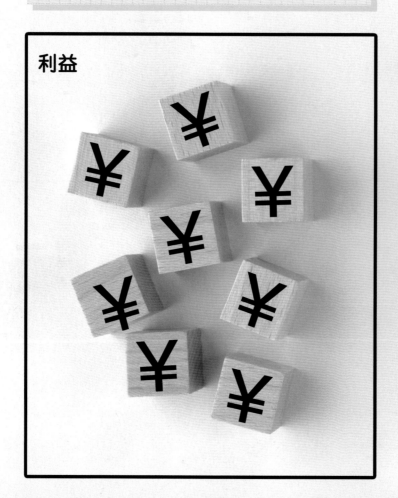

利益

想要獲得新的酬賞時，大腦首先會計算風險，並且估算大概可以獲得多少酬賞。這種計算也和多巴胺的運作有關。

計算時，會有喜悅等正面酬賞的計算，另一方面，也有努力和辛苦等負面成本的計算。**這兩種計算整合後就會決定多巴胺的釋放量，這時也就決定了習慣行動的學習強度。**

支付的成本比獲得的酬賞越高的話，損失就越大，當然行動後的期待值就會下修，預測的酬賞也會減少。**但是在這個狀態下獲得超乎預測的酬賞時，就會釋放出大量的多巴胺。這也表示辛苦努力時會讓酬賞預測誤差變大，可以提升學習的欲望。**

損失

學習效率會被
情緒所左右

心理的安全性和效能

近年來，心理的安全性受到組織管理階層的關注。

對於人際關係的不安會妨礙從業員的學習，組織本身的效能就會下降。這個現象已經被數種不同的研究所證實。從腦神經科學的觀點來看，如果人類的學習效率會受情緒影響，那麼確保員工的心理安全性，就是最能提升工作效能的環境。

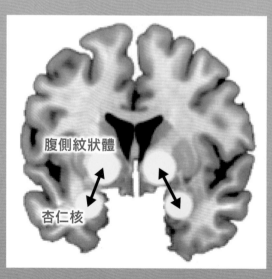

腹側紋狀體

杏仁核

參考文獻：Watanabe N, et al. Ventromedial prefrontal cortex contributes to performance success by controlling reward-driven arousal representation in amygdala. *Neuroimage*. 2019; 202: 116136.

我們在進行學習的時候，和學習無關的因素有時也會影響學習水準。

日本玉川大學的研究團隊為了理解大腦在學習時的機制，著眼於「情緒與學習的關係」進行了下列的實驗。

舉例來說，在著手進行學習之前（預測可以獲得多少酬賞之前），先讓受試者觀看感到恐怖時的表情等等，設置會引起和學習無關的情緒的「機關」，結果發現學習的速度會比什麼都不做時還要高，利用數學模組來分析這個原因的理論，可以發現是因為調節酬賞預測誤差的「學習率」增加的關係，讓學習速度提升。

使用fMRI※分析的結果發現，掌管情感的杏仁核和掌管酬賞預測誤差資訊的紋狀體具有強烈的連結。**因此當情緒波動時，紋狀體的酬賞預測誤差資訊也會增加。**

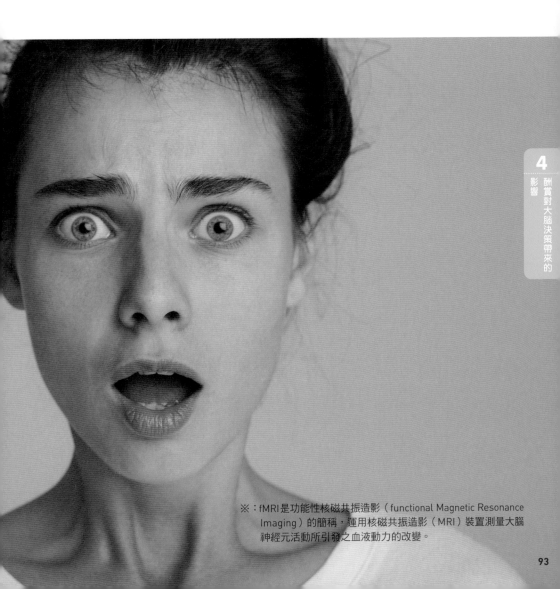

※：fMRI是功能性核磁共振造影（functional Magnetic Resonance Imaging）的簡稱，運用核磁共振造影（MRI）裝置測量大腦神經元活動所引發之血液動力的改變。

如果有自己
做決定的感覺
大腦會更積極

動 機有分主動採取行動的「內在動機」（intrinsic motivation）和受到酬賞吸引而行動的「外在動機」（extrinsic motivation）。

一般而言，內在動機被認為是更為優秀的動機。另外有個假說是：如果事先說好會有報酬的話，那麼就會喪失自己下決定的「自我決定感」，反而降低了內在動機的效果，被稱作「破壞效應」。[編註]

日本玉川大學進行過一項實驗，觀察在有自我決定感和沒有自我決定感的條件下，腦內活動的變化。實驗結果發現有九成的參加者回答，在有自我決定感時會比較積極地參與實驗。**更驚人的是，只有在具備自我決定感的條件下，就算實驗失敗了，和自身行為評價有關的內側前額葉皮質（medial prefrontal cortex）的活動也沒有降低。** 這被認為是因為有自我決定感的關係，就算失敗也還能保持積極的心態。

編註：「破壞效應」在心理學上稱為「過度辯證效應」（overjustification effect）。

就算有自我決定感，紋狀體的活動在失敗時還是會下降

實驗結果發現，即便紋狀體有自我決定感，失敗的話，活動還是會下降，紋狀體是多巴胺受體最多的大腦基底核，也是習慣行為的司令部。因為失敗導致紋狀體的活動下降，也許是為了不要反覆進行已經習慣化動作的措施之一。另一方面，藉由實驗也發現了目標導向的行動選擇的司令部 —— 內側前額葉皮質的活動沒有下降。

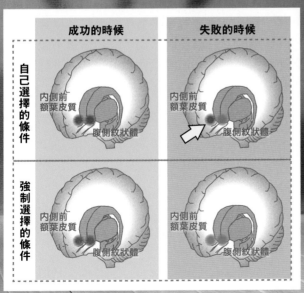

	成功的時候	失敗的時候
自己選擇的條件	內側前額葉皮質 / 腹側紋狀體	內側前額葉皮質 / 腹側紋狀體
強制選擇的條件	內側前額葉皮質 / 腹側紋狀體	內側前額葉皮質 / 腹側紋狀體

紅 ：活動沒有下降
藍 ：活動下降

參考文獻：Murayama K, et al. How self-determined choice facilitates performance: a key role of the ventromedial prefrontal cortex. *Cereb Cortex.* 2015; 25: 1241-1251.

提升動力的
誇獎方式是什麼？

比起以報酬為目標的外在動機，因為興趣而自發性學習的內在動機更好，對於這個說法持反對意見的人應該算少數吧。但是，糖果和鞭子帶來的外在動機，從企業的薪資系統到處罰方式，都廣泛地運用在社會上各個角落。

關於糖果和鞭子哪一個比較有效，從1925年發表的下列研究可以得知。

美國心理學家伊莉莎白・赫洛克（Elizabeth Hurlock，1898～1988）將大約80位9～11歲的小朋友分成三組進行多次考試。每次發回考卷時誇獎第一組「做得很好」，斥責第二組（不管考得如何）「成績很爛」，對最後一組則不做任何表示。

雖然第一次的考試，三個組別的成績都差不多，但是第二次考試時，誇獎組和斥責組的成績提升。不過從第三次考試開始，相較於誇獎組的成績持續提升，斥責組的成績則停滯不前。**從這個實驗結果可以發現，糖果和鞭子兩者中，糖果（誇獎）的效果比較大。**

最近很流行「誇獎式教育」，類似的教育書籍也都頗具人氣，一般來說，誇獎會提升動力，但是也有研究人員認為，過度的誇獎會讓對象放棄做更多的努力，反而失去了誇獎本來的目的。

所以也不是隨便亂誇獎一通就好，而是要具體地表示是哪個部分或為什麼做得好，正確地評價其能力和努力的過程才是最重要的。另外，在培養高度專業的菁英時，用「這裡做得不夠」等嚴苛的話語也有可能提升其改善的動力。

「誇獎」和「斥責」，哪一種效果好？

心理學家赫洛克做的實驗是請9～11歲的小孩接受算數考試。在發回考卷時，誇獎A組、斥責B組、對C組則什麼也不說。反覆五次後，A組的分數有所提升，B組的第二次考試分數有提升，但之後就不再進步，C組則沒有什麼提升。

發回考卷時，誇獎A組、斥責B組、對C組則什麼也不說。

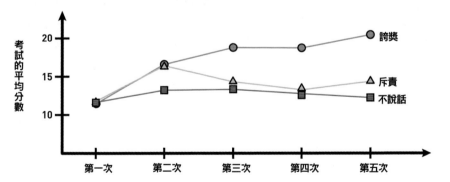

反覆進行這個實驗五次，A組的成績順利往上提升，另一方面，B組和C組的成績則幾乎停滯不前。

「獎勵」
可能會帶來反效果

那麼，對本來就有幹勁的人給予報酬的話，會發生什麼事呢？

美國心理學家愛德華・德西（Edward L. Deci，1942～）在1971年發表了下列實驗的結果，將24位參加者分成兩組，請他們完成益智立體積木的多道題目，給予30分鐘的組合時間，中間夾了8分鐘的自由時間，然後再組30分鐘的積木，8分鐘的自由時間裡要組積木或是不組積木都可以。

在三天內反覆進行上述實驗。第一天只對兩組人給出了組合積木的指示。第二天只告知A組每完成一題，可以獲得1美元的獎金。第三天告知A組今天沒有準備獎金。德西認為根據參加者在自由時間內花多少時間解題，就代表了動力的高低，所以對自由時間的運用進行測量。

結果發現在第二天提示有獎金的A組，利用自由時間組合積木的時間比第一天多，但是到了第三天告知無獎金之後，利用自由時間組合積木的時間比同樣沒有獎金的第一天還要短。

也就是說，拿過獎金的參加者，一旦知道之後拿不到獎金的話，動力就會下滑到比一開始還要低。這個現象就是在第95頁提過的「破壞效應」（過度辯證效應）。

關於動機的研究中發現，仰賴酬賞還會帶來其他各式各樣的負面效果，取消原本已經有的酬賞也會降低動力，一旦設定了，要如何取消也是個難題。

給錢的話反而降低幹勁!?

心理學家德西藉由組合立體積木的實驗,調查酬賞與動機之間的關係,顯示出仰賴酬賞的負面效果,在之後各式各樣的研究中也發現不單單只是金錢和物品等酬賞,在他人的評價、外部的監視,以及截止期限的設定等條件下,都發現了破壞效應帶來的效果。

1

招集24位大學生,請他們玩當時流行的立體積木益智遊戲。

2

第一天在480秒的自由時間中,A組和B組進行解題的平均時間為248.2秒和213.9秒。

3

第二天告訴A組「每完成1題就給1美元」,結果A組和B組利用自由時間進行解題的平均時間為313.9秒和205.7秒。

4

第三天對A組說「今天沒有準備獎金」,結果A組和B組利用自由時間進行解題的平均時間為198.5秒和241.8秒。

5

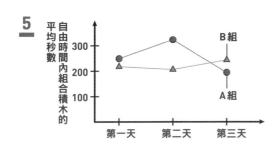

A組的動力在可以獲得獎金的第二天有明顯上升,但是拿不到獎金的第三天就下滑了。B組的動力到了第三天則有所上升。

貫徹始終的腦
挫折放棄的腦

為了達成某個目標，需要達到那個目標的「貫徹力」，**從實驗者的腦部影像中可以發現，具有貫徹力者的腦部構造與一般人不同。**

日本科學技術振興機構的研究團隊將需要花數十分鐘才能找出解答的問題做為達成短期目標的課題進行實驗，利用MRI（核磁共振）的影像來分析這時腦部哪個部位會產生反應。

接受實驗的人數為65人，其中有34人堅持到底解決問題。監測貫徹到底者與中途放棄者的腦部狀況，發現兩者前額葉最前端的「額極」（frontal pole）的灰質體積和旁邊的白質的「非等向性擴散」（anisotropic diffusion）[編註]有所差異。

前額葉會判斷、選擇目標取向的行動、與社會性相關的行動，是演化後的新皮質（neocortex）區域。非等向性擴散指的是從灰質延伸出來的神經元的「連接狀況」，非等向性擴散程度越高，代表神經元的連接越多，資訊處理能力也越強。

還有，在這個研究中，就算是被預測為「貫徹力較低」的人，只要將目標細分，利用完成小目標來獲得成就感的學習計劃，也能貫徹到最後達成目標。所以如果一直沒辦法達到目標，中途想要放棄的話，先將想要達到的目標細分化也是個不錯的方式。

編註：大腦白質內的腦脊髓液（含有可傳導電訊號的高濃度鈉離子）傾向於沿著軸突束的方向更自由地擴散，稱為「非等向性擴散」。

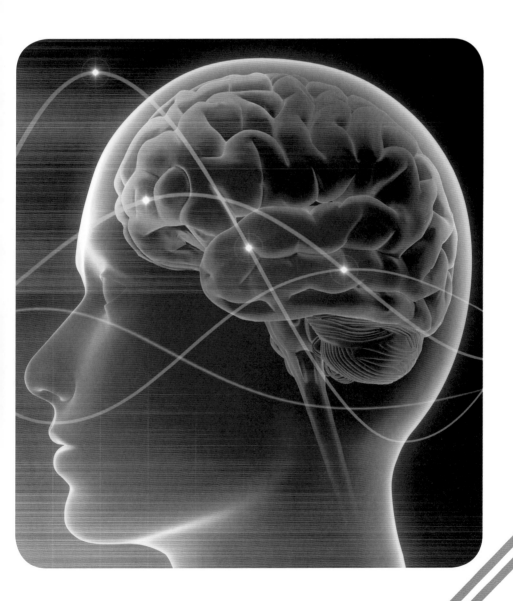

5

大腦與
社會活動

大腦會習慣性地想要預測酬賞，促使我們採取最恰當
的行動。但是根據場合，有時比起能獲得酬賞，反而
會先以社會性行動為優先考量。第五章就來探討在社
會這種框架中，大腦又是如何下決定的呢？

一邊講電話
一邊**不自覺**
點頭致意的原因

人類是社會性的動物，所以有時即便會損害自己的利益，也還是會做出幫助他人的行為。這種行動過去被研究者認為是因為「善有善報、惡有惡報」這種目標取向型的大腦決策。

但實際用實驗調查後，卻發現不是如此，首先是人類所學習的社會性行為其實是一種習慣。

人類的社會性行動有不少都是因為教育而養成的習慣。舉例來說，在捷運中遇到老人家靠近時會反射性地起身讓座，在講電話時明明對方看不到也會點頭鞠躬，這些都算是案例。

第四章中雖然介紹過「大腦會計算各式各樣的報酬，從引導推論出來的選項中進行選擇並加以行動」，但是人類社會中還是有很大一部分的行為和習慣有關。

將社會性行動習慣化的人
大多不太會拒絕別人

有些人就算自己的利益遭到侵害，也不太敢跳出來捍衛自己的權益。這些人不少是因為害怕跳出來主張自己的利益後，可能會被社會排斥。

藉由遊戲探究人類的行動

在過去的經濟學中，主流思考是「人的本性是利己主義，會根據合理性採取行動」。**但是這種想法卻在1980年代透過遊戲的心理實驗中受到質疑，實驗的名稱為「最後通牒賽局」(ultimatum game)和「獨裁者賽局」(dictator game)。**

先介紹「最後通牒賽局」實驗。實驗參加者兩人為一組，其中一人為「提議者」，另外一個為「回應者」。每個人都不知道自己和誰為一組。實驗要求提議者與對方分配參加實驗的報酬，至於該怎麼分配則讓提議者自行裁決。

另一方面，回應者可以直接接受提議者的提案，接受的話就按照提議分配酬勞，拒絕的話則兩者都拿不到報酬。

從「人類是利己且理性」的觀點來看，提議者會避免報酬變成零的同時，盡可能地讓自己拿到越多的報酬。另一方面，回應者則應該會覺得與其讓報酬歸零，不管分配的比率為何都會接受。

最後通牒賽局

將收到的錢與對方分配的遊戲中有三個規則：①分配比率的提議要自己決定。②對方可以接受自己的提議，也可以拒絕。③對方拒絕自己的提議時，那麼雙方都無法獲得任何報酬。也就是說擁有分配權力的自己，如何想出讓對方也能滿足的比率，就有助於讓利益最大化。

但結果卻不是如此，**在分配比率過度偏袒提議者的情況下，有許多回應者會乾脆拒絕提議。另外，提議者也有盡量公平分配的傾向**。。

那麼如果回應者不能拒絕的話，提議又會變成什麼樣子呢？我們接下來繼續說明。

參考文獻：Yamagishi T, et al. Cortical thickness of the dorsolateral prefrontal cortex predicts strategic choices in economic games. *Proc Natl Acad Sci USA.* 2016; 113: 5582-5587.

採取合作行動的腦部特徵

前 一單元所提的「最後通牒賽局」中，回應者擁有否決權。另一方面，「獨裁者賽局」則是無論提議者提出多麼不公平的分配方式，回應者都無法拒絕，提議者可以獨佔報酬。

但是，結果雖然比最後通牒賽局要少一點，提議者還是會將20～30％左右的報酬分給對方。為什麼人會採取如此不合邏輯推論的行為呢？下面的實驗就是試著以腦科學的角度來解開這個謎團。

日本玉川腦科學研究所的山岸俊男、坂上雅道兩位教授請411位受試者玩最後通牒賽局和獨裁者賽局，然後用MRI影像來檢測他們的腦部活動，調查其中386名參加者有關進行社會性合作行動的戰略推論能力。※

在這個實驗中，有一假說是光考慮自己利益的人會在最後通牒賽局中考慮對方的反應選擇行動、在獨裁者賽局中則採取讓自己的利益最大化的行動。另一方面，社會性較高的人不管在哪種遊戲中都會傾向於公平分配。

從這一連串的研究中，發現了利己的人和社會性的人（會公平分配金錢者）的大腦前額葉構造及活動性有所差異。

採取利己行動傾向較高者的背外側前額葉（dorsolateral prefrontal cortex）和顳頂交界區（temporoparietal junction）等與複雜的社會決策相關部位的灰質體積比較厚，進行實驗遊戲時的活動性也比較高。

※：Yamagishi T, et al. Cortical thickness of the dorsolateral prefrontal cortex predicts strategic choices in economic games. *Proc Natl Acad Sci USA*. 2016; 113: 5582-5587.

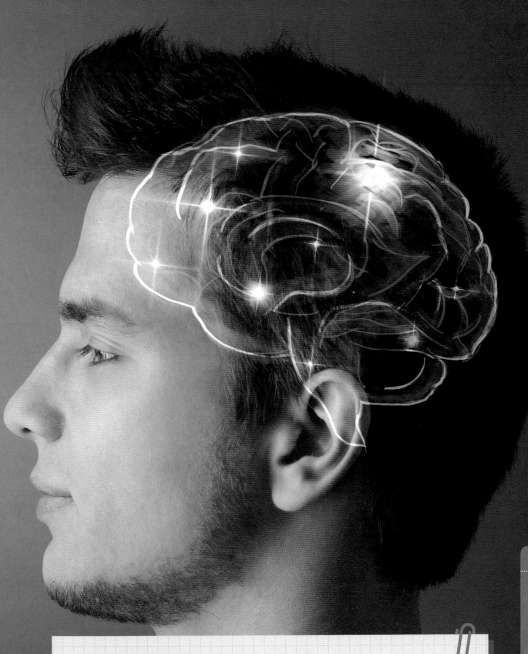

利己者和利他者在腦部構造上有差異

日本玉川腦科學的山岸俊男和坂上雅道教授所進行的研究中，發現與利他主義者的腦部構造相比，利己主義者的背外側前額葉較大，掌控感情的杏仁核比較小。

採取利他行動者的
大腦下決策的
速度較快

從廣泛的年齡層來看大腦特徵的差異

科學家以20歲到50歲，總共3500人為對象，研究「利己型」和「利他型」的行為差異。結果發現與年齡沒有關係，都會有選擇「利己」或是「利他」行為的人。另外也發現了「利己型」的大腦背外側前額葉皮質較厚，「利他型」的則較薄。

出處：Yamagishi T, et al. Response time in economic games reflects different types of decision conflict for prosocial and proself individuals. *Proc Natl Acad Sci USA.* 2017; 114: 6394-6399.

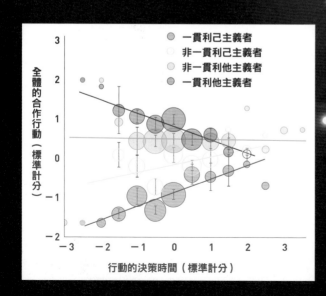

人類容易在最後通牒賽局等可能會被他人批判的情況下採取利他行為，在不會受到他人批判的獨裁者賽局中則採取利己行動。另外，就算不會受到他人的批判，也還是有習慣採取利他行動的人。

進行過前一單元實驗的山岸教授在2017年進行了另一項實驗，觀察實驗者是否會以社會價值為目的採取行動，分成「利己型」或是「利他型」進行研究。**實驗的結果發現「利己型」的人要進行與社會協調合作的行動時，大腦需要花較多時間下決定。另一方面「利他型」的人則能迅速地靠直覺來下決定**。比起自己可以獲得的報酬，「利己型」的人更在意將來社會（他人）從自己身上搾取報酬的可能性。

從這些實驗中可以發現，選擇行動的決策時間，受到每個人的個性影響。※

從腦科學誕生的「行為經濟學」

成為行為經濟學基礎的「展望理論」是什麼？

左下圖表的「價值函數」（value function）指的是「某個事件發生時所感受的價值大小」，損失和獲利的感受為相同程度時，就是較細的綠色曲線。但是實驗結果可以發現大多數情況下都會變成橘色的曲線，表示損失比起獲利的感受更重。右下角的圖表（機率加權函數probability weighting function）顯示的是「某個事物確實發生的機率」與「對此機率主觀所感受到的值」兩者之間的關係。兩者一致的時候就是細直線，但實驗結果卻變成了粗的曲線。顯示出人類對於低機率事件會有更容易發生的過度評價，另一方面又會低估高機率事件真正發生的機率。基於價值函數和機率加權函數，人類在不確定的狀態下如何進行判斷，就是所謂的展望理論。

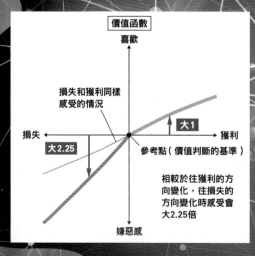

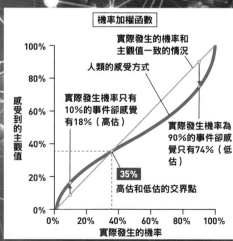

美國心理學家丹尼爾·康納曼（Daniel Kahneman，1934～2024），憑藉著研究人類是如何在不確定的狀況下做決策的「展望理論」（prospect theory）獲得2002年諾貝爾經濟學獎。展望指的是「受到期待的滿足水準」。

獲獎原因是利用心理學的實驗手法，理解人類的經濟活動，並將結果與單純化後的舊有經濟學統合起來，然後誕生出的就是「行為經濟學」（behavioral economics）。106頁介紹的最後通牒賽局也和行為經濟學有關。

展望理論的概要記載於左下的專欄，**腦科學作為展望理論的佐證，也有很大的幫助**。舉例來說，雖然每個人能接受的風險程度都不盡相同，但是將損失看得比獲利還重要的人，可以發現他們位於大腦基底核的紋狀體和前額葉的活動量比較大。

與計算損失、獲利有關的大腦部位

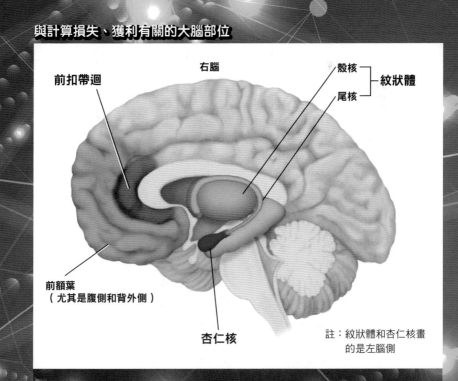

右腦

前扣帶迴

殼核 ⎫
尾核 ⎬ 紋狀體

前額葉
（尤其是腹側和背外側）

杏仁核

註：紋狀體和杏仁核畫的是左腦側

根據數次的實驗結果，發現人類的大腦有分基於理由、推論進行長時間思考、判斷相關的部位（前額葉和前扣帶迴），以及基於情感、直覺迅速思考、判斷相關的部位（紋狀體和杏仁核）。

「外地旅遊不用怕丟臉」也是大腦的選擇

人類不自覺地進行社會性行動的兩個機制

人類會選擇社會性行動的原因，在大腦中有兩個機制。一個是出生後就被持續教導，變成條件反射的習慣行為。另一個則和報酬有關，選擇哪一種行動和背外側前額葉的厚度有關。

在最後通牒賽局（第106頁）的實驗中，背外側前額葉的厚度較薄的人，對於提議者的不當分配有較難以拒絕的傾向，被認為是基於習慣的行動選擇，因為大多數人被教導的是，放任情緒拒絕別人是違反社會規則的行為。

另一方面，背外側前額葉體積較大的人（第108頁）雖然會在最後通牒賽局中公平分配利益，但是卻在獨裁者賽局中具有讓自己的利益最大化的傾向。

日本有一句諺語：「外地旅遊不用怕丟臉。」指的是「出門在外沒有人認識自己，又不會在當地久待，所以會做出平常不會做的事情」，和這點一樣，在沒有要求遵照社會規則的環境下，可能會做出和平常不同的選擇。

改變心意時的
大腦活動狀態

腦的判斷和選擇不同時
就發生了改變心意的行為

在實驗中，大腦的判斷內容和實際選擇不同時，
就能知道發生了改變心意的行為。

明明在不斷試穿衣服後覺得「就是這件」了，但是到了結帳前又改變心意，各位有沒有這種經驗呢？改變心意被認為是和判斷東西價值的「尾核」有關。

某個研究團隊曾進行過一個實驗，讓受試者反覆看兩張臉的照片後，選擇喜歡的臉，並用fMRI調查這時的大腦哪一個部位會有反應。**發現儘管尾核進行了正確的評價，但卻因為害羞等理由沒**

有依照自己的喜好選擇，發生改變心意的行為。

另外實驗中也發現，和尾核一樣在價值判斷中擔任重要角色的「眼窩額葉皮質」（orbitofrontal cortex）及海馬迴也跟改變心意有關係。**海馬迴和眼窩額葉皮質的活動強度越高時就比較不容易變心，反之則會改變心意。**

禮物是看「誰給的」來決定價值

對意中人進行禮物攻勢究竟有沒有效果呢？於是有了接下來的實驗。用fMRI測量女性從兩位不同的男性手上收到生日禮物時的腦部活動，比較禮物的價值。送禮物的男性當中，有一位是女性抱有好感的友人，另外一位則是沒有特別關心的友人。

大腦首先會判斷對送禮者的好感度，這和感情處理相關的尾核的運作有關，然後再進行禮物的價值判斷。這個判斷則與酬賞預測、下決策、聯覺（synesthesia又譯為共感覺）以及情緒反應的扣帶迴的活動量有關。

從這個實驗中可以發現，收到有好感者送的禮物時，不管喜不喜歡該禮物，大腦判斷的價值都不太會有改變。

換言之，如果自己對送禮者沒有好感的話，那麼就算贈送高價的禮物，也不會有太好的效果。

尾核會影響對禮物的評價

實驗關注在尾核的活動上。比較從有好感者和沒好感者手上獲得禮物時的尾核活動狀況。結果發現從有好感者手上獲得禮物時，尾核的活動量會大幅增加。[※]

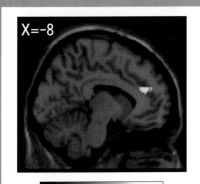

禮物
有好感 > 沒有好感

「獲得喜歡的禮物」時前扣帶迴的活動跡象減去「獲得不喜歡的禮物」時的結果（兩者的差距）。

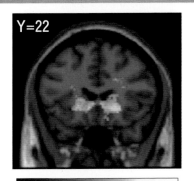

男性友人
喜歡 > 不喜歡

「從有好感的人獲得禮物」時尾核的大量活動跡象減去「從沒有好感的人獲得禮物」時少量活動跡象的結果（兩者的差距）。

出處：Nakagawa J, et al. Women's Preference for a Male Acquaintance Enhances Social Reward Processing of Material Goods in the Anterior Cingulate Cortex. *PLoS One.* 2015; 10: e0136168.

6

支撐AI發展的

腦科學

因為腦科學的發展，神經元的活動逐漸明朗。以這個
知識為基礎，利用邏輯形式再現神經元活動所誕生的
就是 AI。第六章就來看看日新月異的 AI 和腦科學的動
向吧！

神經元的研究
對AI的發展
帶來貢獻

有教師的學習

讓AI讀取

附有可否出貨的資訊
和許多蘋果的照片

判斷「可以出貨的蘋果」和
「不能出貨的蘋果」

形狀

這是「有教師的學習」的示意圖。首先丟給AI許多蘋果的圖片，然後令其判斷「可以出貨的蘋果」和「不能出貨的蘋果」。每張照片都有正確答案的資訊，AI可以自行對答案，重複進行判讀照片和對答案的動作後，AI就學習了如何正確判斷「可以出貨的蘋果」和「不能出貨的蘋果」。

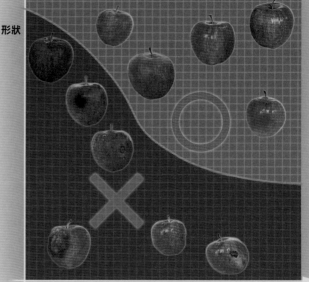

光澤

AI 發展和腦部神經元的研究有密不可分的關係。**1943年，美國數學家皮茲（Walter Pitts，1923～1969）和神經生理學家麥卡洛克（Warren McCulloch，1898～1969）認為腦的神經元活動可以用邏輯的方式表現出來，發表了「形式神經元」（formal neuron）的概念**。之後，各科學家開始研究形式神經元。

1949年加拿大的心理學家唐納·海伯（Donald Hebb，1904～1985）提出一個假說：在沒有外部刺激的情況下，神經元的活動會對神經元彼此間的關係帶來變化（海伯法則 Hebb's rule），成為「沒有教師的學習」（右下圖片）的模組。1958年，美國心理學家法蘭克·羅森布拉特（Frank Rosenblatt，1928～1971）發表了多層感知器（multilayer perceptron）模型，在給予正確資訊下進行學習「有教師的學習」（左下圖片）。編註

編註：海伯法則指出突觸前神經元向突觸後神經元的持續重複刺激，可以提升突觸傳導的效能。而多層感知器模型則遵循人類神經系統原理，學習後使用權重存儲數據，再使用演算法來調整權重並減少訓練過程中的偏差。

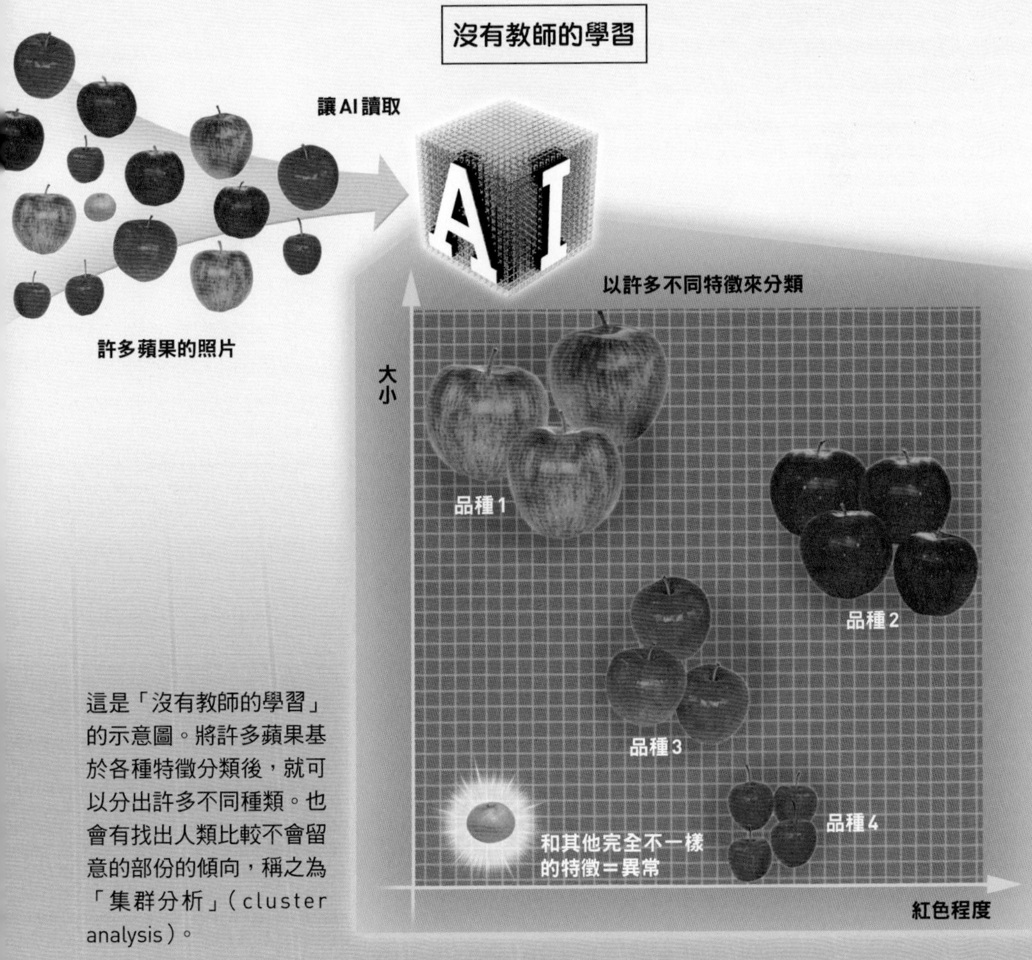

沒有教師的學習

讓 AI 讀取

許多蘋果的照片

以許多不同特徵來分類

大小

品種 1

品種 2

品種 3

品種 4

和其他完全不一樣的特徵＝異常

紅色程度

這是「沒有教師的學習」的示意圖。將許多蘋果基於各種特徵分類後，就可以分出許多不同種類。也會有找出人類比較不會留意的部份的傾向，稱之為「集群分析」（cluster analysis）。

將可以同時處理資訊的
大腦特性運用在AI上

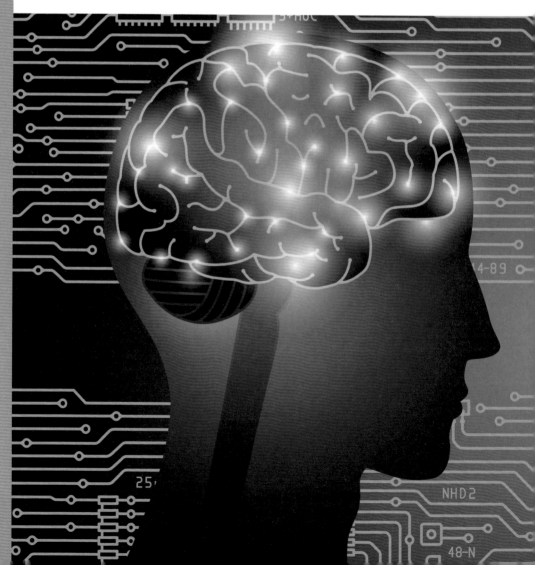

AI 因為「深度學習」（deep learning）※的方法不斷進步，而有了極大的變化。這是由模仿腦部神經迴路的「神經網路」（neural network）※的數理模組發展而來。

藉由1985年美國的神經網路研究者大衛·魯梅爾哈特（David Rumelhart，1942～2011）提倡的演算法（計算方法），讓由好幾層所構成的神經網路可進行學習。

另外，人類的腦部約有1000億個神經元以極其複雜的方式組合，同時處理各式各樣的資訊。有人認為AI的研究是不是也應該採用這種同時處理資訊的特性呢？因此而誕生的就是「平行分散式處理」（Parallel Distributed Processing簡寫為PDP）編註的思考方式。藉由PDP的研究，深度學習的技術有著飛躍性的提升。

編註：PDP利用多個各具局部記憶體（local memory）的處理器協同工作，同時處理不同的局部任務，以完成整體任務，提供解決複雜問題的有效方法。

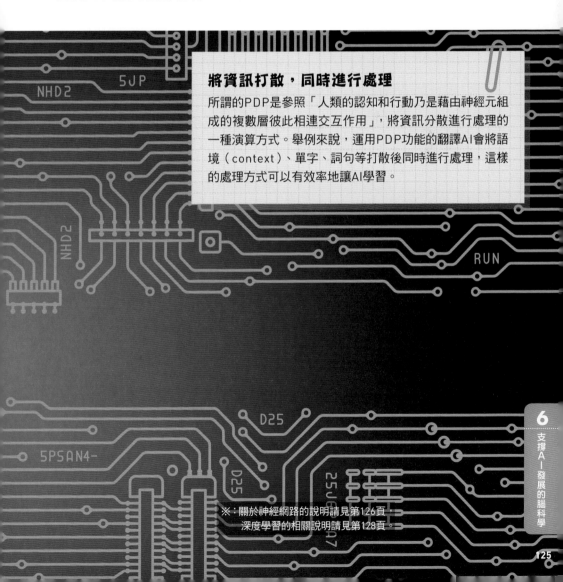

將資訊打散，同時進行處理

所謂的PDP是參照「人類的認知和行動乃是藉由神經元組成的複數層彼此相連交互作用」，將資訊分散進行處理的一種演算方式。舉例來說，運用PDP功能的翻譯AI會將語境（context）、單字、詞句等打散後同時進行處理，這樣的處理方式可以有效率地讓AI學習。

※：關於神經網路的說明請見第126頁，深度學習的相關說明請見第128頁。

6
支撐AI發展的腦科學

模仿大腦機制的
人工神經元

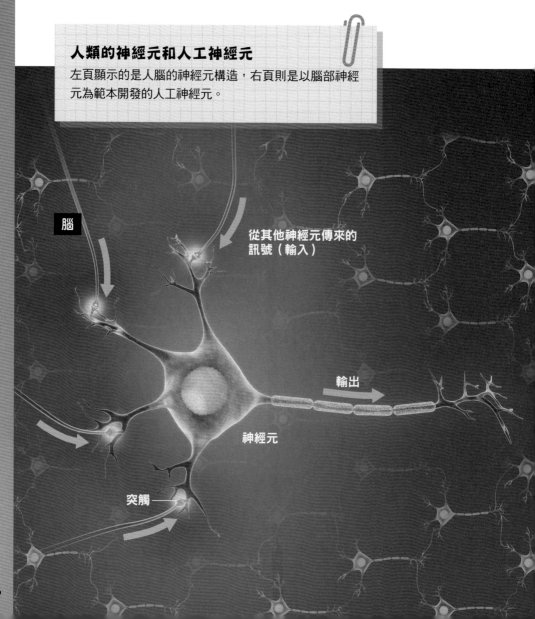

人類的神經元和人工神經元

左頁顯示的是人腦的神經元構造，右頁則是以腦部神經元為範本開發的人工神經元。

腦

從其他神經元傳來的訊號（輸入）

輸出

神經元

突觸

人類的腦部是由足以匹敵銀河系星星數量的神經元集結而成，形成了極為複雜的網路（左頁圖片）。神經元之間會通過「突觸」的連接處以電子訊號的方式和其他神經元進行資訊處理。

神經網路就是模仿腦部神經元的運作方式，在電腦上以程式重現出的人工神經元（右圖）。

人工神經元會從複數的人工神經元接收輸入值（資料），計算之後再輸出（輸出值）。所謂的神經網路就是將許多人工神經元仿效人腦一樣分為好幾層，藉由不斷變換輸入值來進行資訊處理。

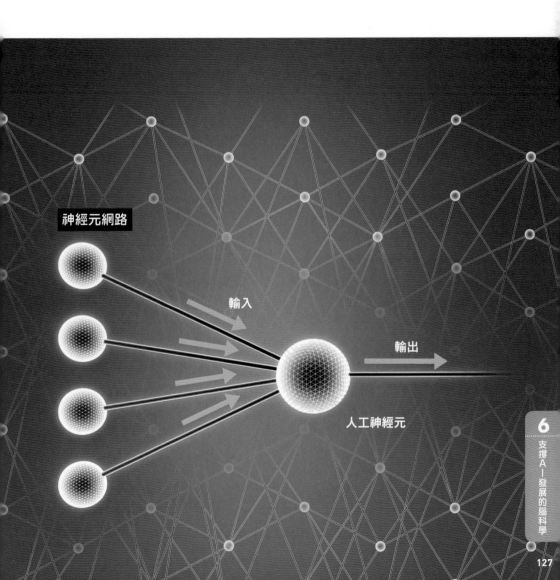

神經元網路

輸入

輸出

人工神經元

圖像辨識技術帶來革命的「深度學習」

所謂的深度學習，指的是運用神經網路，利用許多人工神經元所形成的複雜層狀網路來進行的機械學習方法。

在深度學習中，AI會自己找出圖像內的特徵，並自行學習。在以前的機械學習中，如果要打造出看到花的圖像就能辨識出是什麼花的AI，就必須像是老師教人一樣，指出「請注意顏色和花瓣的形狀」等需要留意的地方。

但是使用深度學習的話，只要讀取大量的圖像，AI就能自己擷取出應該要注意的特徵。而且AI找出的特徵有些還包含了人類無法辨識的細節。**因此，只要利用深度學習，AI就能比人類更精密地辨識圖像**。現在AI已經被活用在臉部辨識、監視器的圖像分析等社會上各式各樣領域的圖像辨識中。

另外，**深度學習在「自然語言處理」（natural language processing）的領域也有著嶄新的進步**。所謂的自然語言處理指的是用電腦處理我們人類日常生活中所使用的語言（自然語言）的一種技術。

自然語言處理會使用「語言模型」（language model）產生文章。語言模型指的是為了理解人類語言的一系列程式，使用語言模型，就能讓電腦學習某個單字後面容易出現什麼單字，然後輸出文章。為了正確地輸出，需要讓AI讀取大量的文章，令其辨認某個單字之後容易出現什麼單字的特徵。這邊也活用了深度學習的技術。

深度學習是將人工神經元分成「輸入層」（input layer）、「中間層（隱藏層）」（intermediate / hidden layer）、「輸出層」（output layer），來分析資訊。中間層還可以分成好幾層，像這樣運用許多的神經網路層，就被稱為深度學習。

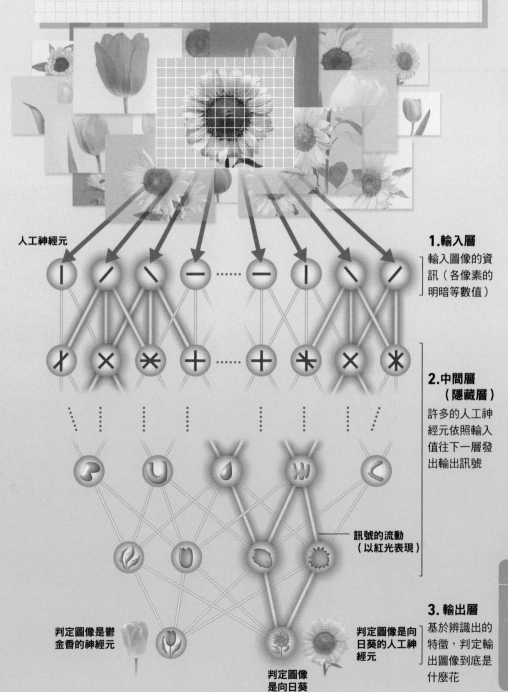

人工神經元

1.輸入層
輸入圖像的資訊（各像素的明暗等數值）

2.中間層（隱藏層）
許多的人工神經元依照輸入值往下一層發出輸出訊號

訊號的流動（以紅光表現）

判定圖像是鬱金香的神經元

判定圖像是向日葵的人工神經元

判定圖像是向日葵

3. 輸出層
基於辨識出的特徵，判定輸出圖像到底是什麼花

利用「記憶的機制」提升資料的活用效率

情節記憶是什麼？

個人經驗的記憶中伴隨著各式各樣體驗過的資訊。舉例來說，經歷過的場所的風景、氣味、聲音、情感等資訊會一起被記憶下來。

英國神經科學研究者大衛·馬爾（David Marr，1945～1980）表示，要理解包含生物的腦在內的資訊處理裝置，可以分成三個層次：計算理論、演算法、以及硬體層面的實行。

神經科學是在計算理論和演算法的領域中探究大腦功能而進行研究。關於腦部各式各樣的研究對於AI的技術發展都有貢獻，神經科學的研究成果也被AI的開發所採用。

舉例來說，腦的記憶類型中有一種稱為「情節記憶」（episodic memory），指的是個人的經驗和各式各樣的感覺資訊一起被記憶下來。

情節記憶的特徵是容易在腦內搜尋過去的經驗資訊，然後活用過去的失敗和成功經驗，幫助新的學習，這種「經驗回放」（experience replay）的運作機制被認為可以提高AI的資訊活用效率。

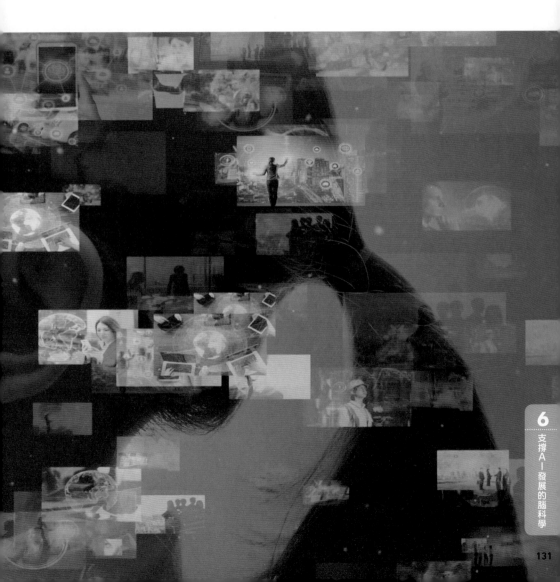

語言能力飛躍性提升的
「ChatGPT」

最近蔚為話題的「ChatGPT」是一種比以前的AI更能自然對話的「AI聊天服務」（第12頁）。

ChatGPT中的GPT（Generative Pre-trained Transformer，生成型預訓練轉換器）使用了GOOGLE研究團隊於2017年開發的「轉換器」（Transformer）技術，掌握單字彼此間的關係，預測文章接下來可能會出現的單字。

GPT會使用從網路蒐集來的龐大文章資料進行學習，適當地預測某個文章（問題或指示）接下來可能會出現的單字（詞），並加以輸出構成新的文章（回答）。

但是學習完畢的GPT仍然還不足以使用在需要與人類進行對話的ChatGPT上。**於是開發出在自動進行事前學習之後，還會使用人類製作的資料進行細部微調。**藉此變得可以更自然地對話，也不會輸出不適當的言詞。

2. 基於事前學習
輸出接下來的單字（詞）

GPT會以事前學習過的各式各樣文章為基礎，預測輸入的文章接下來哪一個單字（詞）會出現的機率比較高。舉例來說，如果「今天天氣」這個單字（詞）在文章中與「晴朗」這個單字（詞）的關係比較高時，就會輸出「晴朗」這個單字（詞）。

GPT會持續預測
「接下來的單字（詞）」

右頁是給GPT某段文章，請它接著繼續生成文章的過程示意圖，賦予GPT把文章繼續寫下去的任務後，就會以事前學習過的「填空題」的題庫為基礎，預測接下來出現機率最高的單字（詞）並將其輸出。ChatGPT的原理也一樣，預測輸入的文章（問題）接下來出現哪個單字（詞）的機率最高，然後生成並輸出文章（回答）。

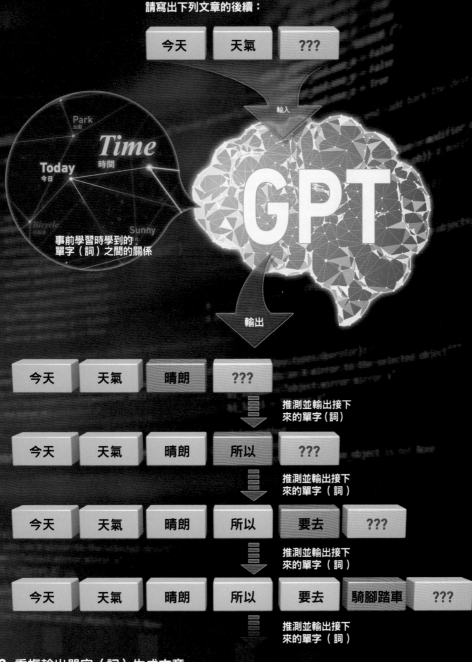

請寫出下列文章的後續：

今天　天氣　???

輸入

GPT

Time 時間
Today 今日
Park 公園
Bicycle 自行車
Sunny

事前學習時學到的單字（詞）之間的關係

輸出

今天　天氣　晴朗　???

推測並輸出接下來的單字（詞）

今天　天氣　晴朗　所以　???

推測並輸出接下來的單字（詞）

今天　天氣　晴朗　所以　要去　???

推測並輸出接下來的單字（詞）

今天　天氣　晴朗　所以　要去　騎腳踏車　???

推測並輸出接下來的單字（詞）

3. 重複輸出單字（詞）生成文章

反覆進行（2.）的步驟，就會像圖表一樣持續輸出「晴朗」、「所以」、「要去」、「騎腳踏車」、「運動」……等等，生成出一篇文章。

6
支撐ＡＩ發展的腦科學

圖像生成AI
讓腦部活動圖像化

AI 的進化，對於腦部研究也帶來極大的影響。**日本大阪大學的研究團隊在2023年3月成功用圖像生成AI「穩定擴散模型」（Stable Diffusion model）讓腦部活動高精細地圖像化**[※1]。圖像生成AI是一種給予指示後，就會依照要求生成圖像的AI。

人類的視覺是根據大腦「視覺皮質」（visual cortex）的訊號所產生。因此只要可以解讀視覺皮質的腦波，在原理上應該就能重現視覺。實際上，把視覺皮質的資訊輸入到「圖像解碼器」（Image Decoder）的AI後，將其圖像化的技術已經存在了，但是由於以前的方法需要使用fMRI來間接取得腦波，只能再現出很模稜兩可的圖像，所以才使用Stable Diffusion來克服這個問題。

接下來簡單地說明一下實驗流程。首先，請受試者看某個圖像，同時用fMRI取得視覺皮質的腦波，然後將fMRI的資料輸入到圖像解碼器，先輸出一次圖像，然後把該圖像拿去給Stable Diffusion做為學習用。

為了讓Stable Diffusion輸出圖像，需要有描述圖像的文本，其實這個文本也可以從受試者的fMRI資訊中讀取。舉例來說，當你看著蘋果時，腦部會在視覺皮質的領域中理解這東西就是語言上的「蘋果」，也就是把從視覺皮質的腦波中取得的語言資訊輸入到Stable Diffusion。

結果輸出來的圖像可達到高精細的程度，**運用這個技術，也許可以解讀人類腦部出現的影像或夢境，並且將其以高精細的程度重現。**

※1：Takagi Y and Nishimoto S. High-resolution image reconstruction with latent diffusion models from human brain activity. *bioRxiv*. doi.org/10.1101/2022.11.18.517004.

Stable Diffusion畫出的腦內圖像

本頁下方的圖片中，紫色區塊是受試者所看的圖像，橙色區塊則是用Stable Diffusion基於受試者的腦部活動重現的圖像。利用fMRI取得受試者的視覺資料和受試者正在看著什麼東西的語言資訊，然後透過圖像解碼器和文本解碼器（Text Decoder）的AI輸入到Stable Diffusion，結果就重現了這些圖像。

受試者看到的圖像 ※2

※2：因為著作權法的疑慮，上面刊載的是模仿「受試者看到的圖像」所畫出來的插畫。

Stable Diffusion 重現的圖像

以分鐘為單位感知時間流動的海馬迴和紋狀體

日本東京大學的研究團隊發現，動物大腦中的海馬迴和紋狀體是以分鐘為單位進行活動。海馬迴是大腦中與情節記憶相關的重要部位，紋狀體則是下決策和執行動作相關的重要部位。

實驗室將白老鼠放入25公分寬的正方形隔間裡，隔間角落的一個機器會在每五分鐘提供飼料（報酬），讓老鼠進行每五分鐘就會獲得飼料的訓練，學習經過強化後，被訓練過的老鼠會每五分鐘就去確認一下機器提供飼料的窗口，這個動作表示了隨著時間經過，老鼠對於飼料的期待也跟著增加。

但是如果抑制受過訓練的老鼠的海馬迴活動，不管經過多少時間也不會出現經學習強化後的行動，從這個實驗中可以知道，海馬迴在預測未來可能獲得的報酬，並選擇行動時擔任了非常重要的角色。

接下來在老鼠的海馬迴和紋狀體內埋入電極，紀錄神經元的活動。結果發現大約有25%的神經元的活動頻率會隨著時間經過而增減，同時也發現了活動頻率在某個特定的時間點會提高。

這樣的神經活動在訓練當初沒有被發現，而是要經過反覆訓練之後才會出現。

從這些實驗結果中可以了解下列三件事情：①白老鼠會藉由海馬迴和紋狀體的神經元來認知時間的長度。②海馬迴和紋狀體的神經活動是以分鐘為單位感知時間的流動。③預測未來可能獲得之報酬的腦部活動，是依據經驗所產生的。

藉由這個研究，理解了一部分會對應時間流逝的腦部活動機制。

海馬迴和紋狀體的神經元會感知時間流動

下面是強調位於大腦邊緣系統的海馬迴的示意圖，動物為了獲得更多的報酬，需要有從過去的經驗預測未來的能力。為了預測未來，就有必要感應時間的流動。到目前為止，神經元如何為了未來的報酬而感應時間流動的機制還不明朗。

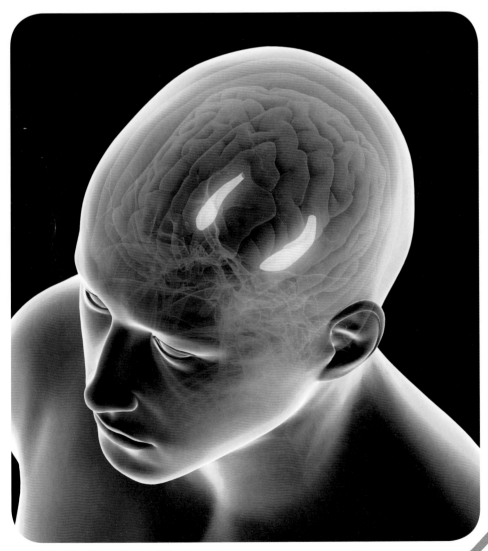

參考文獻：Shikano Y, et al. Minute-encoding neurons in hippocampal-striatal circuits. *Curr Biol.* 2021; 31: 1438-1449.

名詞解說

AI（Artificial Intelligence）人工智慧

關於AI並沒有明確的定義，廣義的概念理解為可以和人類思考流程一樣運作的程式，或是人類可以感覺到有智慧的資訊處理技術。

BMI（Brain-Machine Interface）腦機介面

直接讓人腦連接電腦，用想的就能操控手機等電子設備的技術。

fMRI（functional magnetic resonance imaging）功能性核磁共振造影

測量腦部活動，將其圖像化的手法。運用可以觀察身體內部構造的MRI技術，掌握因神經元活動產生的血流變化。

大腦皮質

大面積包覆人類大腦表面、皺巴巴的部分。分為額葉、頂葉、顳葉和枕葉四大區域。

大腦邊緣系統

位於大腦深處的基底核周圍領域，由扣帶迴、杏仁核、海馬迴、依核等部位構成，掌管感情、本能的行動、自律神經、地理風景與臉部辨識等與記憶相關的功能。

小腦

控制手腳動作（走路）和維持姿勢、平衡感、眼球運動等動作，另外也和「身體記憶」等運動功能息息相關。

中腦

做為視覺和聽覺資訊的中繼，也與運動相關控制有關。

白質

位於大腦皮質內側，從神經元延伸出來的神經纖維束。

任務

在IT的領域中指的是「電腦作業系統處理工作的單位」，在IT領域外的商業場合指的是「交辦給自己的工作（作業）」，同時處理複數以上的任務就稱為「多工處理」。

光學造影

利用近紅外線來測量腦部血流變化，並將其圖像化的裝置。

多巴胺

神經傳導物質的一種，在腦內的酬賞系統活動擔任要角，與運動、學習、情感、欲望、激素的調整有關。

杏仁核

構成大腦邊緣系統的要素之一，位於海馬迴的內側（左右），與恐懼和不安等負面情緒有很深的關聯。

長期記憶

反覆複習暫時保存在海馬迴的短期記憶之後，就會從海馬迴傳送到大腦皮質，變成長期記憶固定下來。

前額葉

位於額頭正後方的大腦部位。負責記憶、情感控制及行動控制等高階精神活動。

科技干擾

指的是因為使用智慧型手機等數位機器，導致親子之間的溝通受到阻礙，對生活和小孩的發展帶來惡劣影響。

穿戴裝置

可以穿戴在手腕、手臂或是頭上的裝置（終端機），代表性的例子有像手錶一樣戴在手腕上的智慧型手錶，以及像眼鏡一樣戴在臉上的智慧型眼鏡。

突觸

存在於神經元末端的構造，作為資訊發送者的突觸會放出神經傳導物質，神經傳導物質會黏住接受者突觸上的「受體」，這就是讓受體的神經元內產生電流訊號的關鍵。

背外側前額葉

靈長類等的前額葉區域，是人腦中最新進化出的部位之一。與邏輯思考、決策、情感抑制有關。

神經元

構成腦部的神經細胞，具有細胞核。細胞本體會延伸出「樹突」和「軸突」。人類的腦是由約1000億個神經元所構成的一大片網路。

紋狀體

大腦基底核中最具代表性的部位，由殼核和尾核組成，和運動功能及下決定有關。

基底核

連接大腦皮質、視丘和腦幹的一群神經核，由紋狀體、蒼白球、黑質、視丘下核組成，負責自主運動、認知功能、情感、動機及學習。

情節記憶

個人所經驗過的事情，加上視覺、聽覺、嗅覺等感官資訊一同被保存下來的長期記憶。

推薦功能

利用AI分析使用者的閱覽紀錄等資訊，讓電腦或是手機跳出符合喜好的資訊。

短期記憶

第一次碰面的人的名字等等，有必要留意的記憶會送到海馬迴，作為短期記憶暫時保存下來。

程式性記憶

長期記憶的一種，例如游泳和騎腳踏車的方法等等，屬於維持技術和知識的記憶方式。

軸突

使神經元彼此間連接，擔任「纜線」的角色。位於表面的「鈉離子通道」打開時，帶有電荷的「鈉離子」流入，軸突內部就會產生電流，鄰近的鈉離子通道感應到電流後又會打開……一連串的反應將電流傳到末端。

間腦

由視丘和下視丘所組成，視丘會集中除了嗅覺以外的所有感官資訊，然後傳給大腦，下視丘是自律神經和內分泌系統的中樞，控制體內環境的平衡。

酬賞系統

在人類（動物）的大腦中，欲望被滿足或是期待欲望可以被滿足時會活化的神經迴路。

演算法

解決問題的步驟和計算方法只要依照步驟和計算方法，不管是誰都能獲得同樣的答案。

藍光

在可見光（眼睛可以看到的光）中具有藍色波長的光線。電腦和手機螢幕發出來的藍光被認為對眼睛和身體有極大的負擔。

後記

「手機腦與運動腦」就到這邊結束了。各位覺得如何呢？

我們介紹了手機的危險性和優點，以及較佳的使用方式。SNS的「讚」會刺激腦部的酬賞系統，有許多讓人深感興趣的事情。智慧型手機對腦部的影響現在仍持續研究中，要把手機當作敵人還是朋友，其實取決於我們的使用方式。

在現在這個時間點，運動和腦部的關聯雖然還有許多未知的部分，但是近年來已經發現了藉著運動鍛鍊肌肉可以維持健康，對於延年益壽也有幫助，因此養成適度運動的習慣絕對有益無害。

後半段介紹的「酬賞效果」和「判斷決策」等等，是目前藉著腦科學研究已經知道的結果。另外，腦科學的知識對於AI飛躍性的提升也有貢獻。

腦科學日新月異地不斷進步，手機和運動與腦之間的關係，說不一定在不久的將來就會有重大的發現。

《新觀念伽利略－手機腦與運動腦》「十二年國教課綱學習內容對照表」

頁碼	單元名稱	階段/科目	十二年國教課綱學習內容架構
008	腦是演化歷史中孕育出的最高傑作	國中/生物	Dc-IV-1 人體的神經系統能察覺環境的變動並產生反應。
		高中/生物	BDb-Va-5 動物體的神經系統對生理作用的調節。
010	腦科學闡明智慧型手機與腦部的科學關係	國中/科技	資H-IV-6 資訊科技對人類生活之影響。
012	給人類帶來衝擊的「ChatGPT」	高中/科技	資H-V-3 資訊科技對人與社會的影響與衝擊。
016	智慧型手機有許多讓人沉迷的設計	國中/科技	資S-IV-4 網路服務的概念與介紹。 資H-IV-6 資訊科技對人類生活之影響。
		高中/科技	資H-V-3 資訊科技對人與社會的影響與衝擊。
018	SNS會刺激腦部的「酬賞系統」	國中/生物	Dc-IV-1 人體的神經系統能察覺環境的變動並產生反應。
		國中/科技	資S-IV-4 網路服務的概念與介紹。 資H-IV-6 資訊科技對人類生活之影響。
		高中/生物	BDb-Va-5 動物體的神經系統對生理作用的調節。 BDb-Va-6 動物體的激素對生理作用的調節。
020	開始進行研究的「手機成癮症」	國中/科技	資H-IV-6 資訊科技對人類生活之影響。
022	調查自己的「手機成癮程度」吧	高中/科技	資H-V-3 資訊科技對人與社會的影響與衝擊。
024	用手機讀書會降低解讀能力？	國中/生物	Dc-IV-1 人體的神經系統能察覺環境的變動並產生反應。
		國中/科技	資H-IV-6 資訊科技對人類生活之影響。
		高中/生物	BDb-Va-5 動物體的神經系統對生理作用的調節。
		高中/科技	資H-V-3 資訊科技對人與社會的影響與衝擊。
026	光是把手機放在口袋裡就會使專注力降低？	國中/科技	資H-IV-6 資訊科技對人類生活之影響。
		高中/科技	資H-V-3 資訊科技對人與社會的影響與衝擊。
028	網路使用頻率太高的話會延緩腦部發展？	國中/科技	資H-IV-6 資訊科技對人類生活之影響。
		高中/生物	BDb-Va-5 動物體的神經系統對生理作用的調節。
		高中/科技	資H-V-3 資訊科技對人與社會的影響與衝擊。
030	十幾歲的青少年中有七成因為手機而睡眠不足	國中/生物	Dc-IV-1 人體的神經系統能察覺環境的變動並產生反應。
		國中/科技	資H-IV-6 資訊科技對人類生活之影響。
		高中/生物	BDb-Va-5 動物體的神經系統對生理作用的調節。 BDb-Va-6 動物體的激素對生理作用的調節。
		高中/科技	資H-V-3 資訊科技對人與社會的影響與衝擊。
032	現代人最容易陷入的「數位失憶症」是什麼？	國中/科技	資H-IV-6 資訊科技對人類生活之影響。
034	家長使用手機的負面影響也會波及孩子	高中/科技	資H-V-3 資訊科技對人與社會的影響與衝擊。
036	連接腦部與身體各部位神經的脊髓	國中/生物	Dc-IV-1 人體的神經系統能察覺環境的變動並產生反應。
		高中/生物	BDb-Va-5 動物體的神經系統對生理作用的調節。
040	限制手機的使用時間	國中/科技 國中/健康	資H-IV-6 資訊科技對人類生活之影響。 Bb-IV-4 面對成癮物質的拒絕技巧與自我控制。
042	手機本來就設計成要吸引人的注意力	國中/健康 高中/科技	Bb-IV-5 拒絕成癮物質的自主行動與支持性規範、戒治資源。 資H-V-3 資訊科技對人與社會的影響與衝擊。
044	黑白畫面會讓人感到無趣	高中/健康 高中/健康	Bb-V-2 物質濫用防制與處遇。 Bb-V-3 避免濫用成癮物質之倡議策略。

046	智慧型手機用戶的大腦正在進化		
048	線上遊戲的隊友「腦波會同步」！	國中/科技	資H-IV-6 資訊科技對人類生活之影響。
050	只要好好利用也可以讓手機提升睡眠品質	高中/科技	資H-V-3 資訊科技對人與社會的影響與衝擊。
052	大腦和手機連接的未來	國中/科技	資H-IV-6 資訊科技對人類生活之影響。 生A-IV-6 新興科技的應用。
		高中/科技	資D-V-2 資料探勘與機器學習的基本概念。 資H-V-3 資訊科技對人與社會的影響與衝擊。
054	「邊走路邊用手機」是多工處理	國中/生物	Dc-IV-1 人體的神經系統能察覺環境的變動並產生反應。
		國中/科技	資H-IV-6 資訊科技對人類生活之影響。
		高中/生物	BDb-Va-5 動物體的神經系統對生理作用的調節。 BDb-Va-6 動物體的激素對生理作用的調節。
		高中/科技	資H-V-3 資訊科技對人與社會的影響與衝擊。
058	「運動」會使用腦部的各種領域功能		
060	一流足球選手的華麗腳法的秘密就在於腦部		
062	腦部對肌肉下達指令的機制		
064	人類可以維持正確姿勢要歸功於大腦基底核	國中/生物	Dc-IV-1 人體的神經系統能察覺環境的變動並產生反應。
066	「身體記憶」的機制是什麼？	高中/生物	BDb-Va-5 動物體的神經系統對生理作用的調節。
068	用中強度的運動活化腦部運作		
070	運動會對掌管記憶的海馬迴帶來影響		
072	文武雙全其實是理所當然？腦和運動的相關關係		
074	運動帶來的心理健康效果	國中/生物 國中/生物	Dc-IV-1 人體的神經系統能察覺環境的變動並產生反應。 Dc-IV-2 人體的內分泌系統能調節代謝作用，維持體內物質的恆定。
076	活動身體消除壓力	高中/生物 高中/健康 高中/健康	BDb-Va-6 動物體的激素對生理作用的調節。 Jc-V-2 保健運動。 Jc-V-3 養生健康休閒活動。
080	大腦是如何選擇行動的呢？		
082	大腦的決策方式有兩種模組		
084	做決定時發揮極大影響的「多巴胺」	國中/生物	Dc-IV-1 人體的神經系統能察覺環境的變動並產生反應。
086	「酬賞效果」在腦中產生作用的原理	高中/生物 高中/生物	BDb-Va-5 動物體的神經系統對生理作用的調節。 BDb-Va-6 動物體的激素對生理作用的調節。
088	意料外的酬賞會讓大腦分泌更多的多巴胺		
090	計算風險估算酬賞的大腦		

092	學習效率會被情緒所左右	國中/生物	Dc-Ⅳ-1 人體的神經系統能察覺環境的變動並產生反應。
		國中/生物	Dc-Ⅳ-2 人體的內分泌系統能調節代謝作用，維持體內物質的恆定。
094	如果有自己做決定的感覺，大腦會更積極	高中/生物	BDb-Va-5 動物體的神經系統對生理作用的調節。
		高中/生物	BDb-Va-6 動物體的激素對生理作用的調節。
100	貫徹始終的腦、挫折放棄的腦		
108	採取合作行動的腦部特徵		
110	採取利他行動的人，大腦下決策的速度較快		
112	從腦科學誕生的「行為經濟學」	國中/生物	Dc-Ⅳ-1 人體的神經系統能察覺環境的變動並產生反應。
114	「外地旅遊不用怕丟臉」也是大腦的選擇	高中/生物	BDb-Va-5 動物體的神經系統對生理作用的調節。
116	改變心意時的大腦活動狀態		
118	禮物是看「誰給的」來決定價值		
122	神經元的研究對AI的發展帶來貢獻	國中/生物	Dc-Ⅳ-1 人體的神經系統能察覺環境的變動並產生反應。
		國中/科技	資A-Ⅳ-1 演算法基本概念。 資H-Ⅳ-6 資訊科技對人類生活之影響。 生A-Ⅳ-6 新興科技的應用。
		高中/生物	BDb-Va-5 動物體的神經系統對生理作用的調節。
		高中/科技	資A-Ⅴ-2 重要演算法的概念與應用。 資D-Ⅴ-2 資料探勘與機器學習的基本概念。 資H-Ⅴ-3 資訊科技對人與社會的影響與衝擊。
124	將可以同時處理資訊的大腦特性運用在AI上		
126	模仿大腦機制的人工神經元		
128	圖像辨識技術帶來革命的「深度學習」	國中/生物 國中/科技 國中/科技	Dc-Ⅳ-1 人體的神經系統能察覺環境的變動並產生反應。 資A-Ⅳ-1 演算法基本概念。 資H-Ⅳ-6 資訊科技對人類生活之影響。
130	利用「記憶的機制」提升資料的活用效率	國中/科技 高中/生物 高中/科技	生A-Ⅳ-6 新興科技的應用。 BDb-Va-5 動物體的神經系統對生理作用的調節。 資A-Ⅴ-2 重要演算法的概念與應用。
132	語言能力飛躍性提升的「ChatGPT」	高中/科技 高中/科技	資D-Ⅴ-2 資料探勘與機器學習的基本概念。 資H-Ⅴ-3 資訊科技對人與社會的影響與衝擊。
134	圖像生成AI讓腦部活動圖像化		
136	以分鐘為單位感知時間流動的海馬迴和紋狀體		

Staff

Editorial Management	中村真哉	Design Format	村岡志津加（Studio Zucca）
Cover Design	秋廣翔子	Editorial Staff	上月隆志, 佐藤貴美子

Photograph

12-13	Ascannio/stock.adobe.com	【カバン】Kabardins photo/stock.	80-81	Marijus/stock.adobe.com
14-15	reewungjunerr/stock.adobe.com		adobe.com，【時計】Tiko/stock.	82-83	Destina/stock.adobe.com
15	ARAMYAN/stock.adobe.com		adobe.com，【スマホ】	84-85	kras99/stock.adobe.com
16-17	kieferpix/stock.adobe.com		hakinmhan/stock.adobe.com	89	beeboys/stock.adobe.com
17	【SNS】BillionPhotos.com/stock.	44-45	【デスク】bongkarn/stock.adobe.	90-91	takasu/stock.adobe.com
	adobe.com，【AI】Elnur/stock.		com，【SNS】BillionPhotos.com/	92-93	Drobot Dean/stock.adobe.com
	adobe.com		stock.adobe.com，【アプリ】	94-95	Sunny studio/stock.adobe.com
20-21	Aaron/stock.adobe.com		Kaspars Grinvalds/stock.adobe.	101	peterschreiber.media/stock.
22-23	sdecoret/stock.adobe.com		com		adobe.com
25	【腦】peterschreiber.media/stock	46-47	kite_rin/stock.adobe.com	102-103	ra2 studio/stock.adobe.com
	.adobe.com	48-49	issaronow/stock.adobe.com	103	VCostello77/stock.adobe.com
27	ARAMYAN/stock.adobe.com	50-51	Natalia/stock.adobe.com	104-105	Rummy & Rummy/stock.adobe.
28-29	JackF/stock.adobe.com	52-53	Lee/stock.adobe.com		com
30-31	reewungjunerr/stock.adobe.com	55	Jacob Lund/stock.adobe.com	107	VCostello77/stock.adobe.com
32-33	peshkova/stock.adobe.com	57	Metamorworks/stock.adobe.com	109	ra2 studio/stock.adobe.com
38-39	Lee/stock.adobe.com	61	アフロ	110-111	sutadimages/stock.adobe.com
39	kite_rin/stock.adobe.com	69	Dan Race/stock.adobe.com	112-113	kras99/stock.adobe.com
40-41	【時計】khukri/stock.adobe.com，	70-71	Metamorworks/stock.adobe.com	114-115	imacoconut/stock.adobe.com
	【スクリーンタイム】sdx15/stock.	72-73	maru54/stock.adobe.com	116-117	Buritora/stock.adobe.com
	adobe.com，【スケジュール】	74-75	Богдан Маліцький/	118-119	olly/stock.adobe.com
	Picturesnews/stock.adobe.com		stock.adobe.com	124-125	hiro/stock.adobe.com
42-43	【部屋】Photographee.eu/stock.	76-77	Ni23/stock.adobe.com	130-131	metamorworks/stock.adobe.com
	adobe.com，【プッシュ通知】	78-79	kras99/stock.adobe.com	135	Yu Takagi et al.
	Kannapat/stock.adobe.com，	79	beeboys/stock.adobe.com	137	SciePro/stock.adobe.com

Illustration

表紙カバー	Newton Press	56～59	Newton Press	110	Newton Press
表紙	Newton Press		（credit①を加筆改変）	112-113	Newton Press
2	Newton Press	60	Newton Press	120-121	Nwrton Press・石井恭子
8	金井裕也, 黒田公桐		（資料提供：腦情報通信融合研究	122-123	Newton Press
9	奥本裕志		センター 內藤栄一）	126-127	Newton Press
11	Newton Press	62-63	Newton Press	129	Newton Press
15	Newton Press		（credit①を加筆改変）	132-133	Newton Press・石井恭子
19	Newton Press	64-65	Newton Press	141	Newton Press
23	Newton Press		（写真提供：慶應義塾大学久保健		
25	Newton Press		一郎）	credit①	BodyParts3D, Copyright© 2008
27	Newton Press	66-67	Newton Press		ライフサイエンス統合データ
29	Newton Press	69	Newton Press		ベースセンター licensed by CC
31	Newton Press		（credit①を加筆改変）		表示－継承 2.1 日本"（http://
33～37	Newton Press	86-87	Newton Press		lifesciencedb.jp/bp3d/info/
47～48	Newton Press	97	NADARAKA Inc.		license/index.html）
50	Newton Press	99	NADARAKA Inc.		

【新觀念伽利略12】

手機腦與運動腦
手機如何影響腦的發展？利用科學的力量提高腦部性能

作者／日本Newton Press
審訂／王存立
翻譯／倪世峰
發行人／周元白
出版者／人人出版股份有限公司
地址／231028 新北市新店區寶橋路235巷6弄6號7樓
電話／（02）2918-3366（代表號）
傳真／（02）2914-0000
網址／www.jjp.com.tw
郵政劃撥帳號／16402311 人人出版股份有限公司
製版印刷／長城製版印刷股份有限公司
電話／（02）2918-3366（代表號）
香港經銷商／一代匯集
電話／（852）2783-8102
第一版第一刷／2025年2月
定價／新台幣380元　港幣127元

國家圖書館出版品預行編目（CIP）資料

手機腦與運動腦：手機如何影響腦的發展？
利用科學的力量提高腦部性能
日本Newton Press作；倪世峰翻譯. -- 第一版. --
新北市：人人出版股份有限公司, 2025.02
面；公分. —（新觀念伽利略；12）
ISBN 978-986-461-426-4（平裝）
1.CST：腦部 2.CST：科學 3.CST：行動電話
4.CST：人工智慧

394.911　　　　　　　　　　　113020081

CHO EKAI BON HITO NO NO WA KONNAN
SUGOI SUMAHO-NO TO UNDO-NO
Copyright © Newton Press 2023
Chinese translation rights in complex
characters arranged with Newton Press
through Japan UNI Agency, Inc., Tokyo
www.newtonpress.co.jp